国家山水林田湖草生态保护修复试点项目 财政部批复（财建［2018］627 号）

中国工程院咨询研究项目（No.2019-ZD-8-04）

贺兰山东麓
山水林田湖草
生态保护修复案例研究

魏 源 等／著

中国环境出版集团·北京

图书在版编目（CIP）数据

贺兰山东麓山水林田湖草生态保护修复案例研究 / 魏源等著 . -- 北京：中国环境出版集团，2021.10
ISBN 978-7-5111-4934-3

Ⅰ . ①贺… Ⅱ . ①魏… Ⅲ . ①生态恢复－研究－石嘴山 Ⅳ . ① X171.4

中国版本图书馆 CIP 数据核字（2021）第 209556 号

出 版 人　武德凯
责任编辑　殷玉婷
责任校对　任　丽
装帧设计　宋　瑞

出版发行　**中国环境出版集团**
　　　　　（100062　北京市东城区广渠门内大街 16 号）
　　　　　网　　址：http://www.cesp.com.cn
　　　　　电子邮箱：bjgl@cesp.com.cn
　　　　　联系电话：010-67112765（编辑管理部）
　　　　　发行热线：010-67125803，010-67113405（传真）
印　　刷　北京建宏印刷有限公司
经　　销　各地新华书店
版　　次　2021 年 10 月第 1 版
印　　次　2021 年 10 月第 1 次印刷
开　　本　787×1092　1/16
印　　张　6.75
字　　数　100 千字
定　　价　60.00 元

中国环境出版集团郑重承诺：
中国环境出版集团合作的印刷单位、材料单位均具有中国环境标志产品认证；
中国环境出版集团所有图书"禁塑"。

编委会

前　言

　　贺兰山是我国西北地区的重要生态屏障，西部重要的气候和植被分界线，我国八大生物多样性中心之一，也是我国北方唯一的生物多样性中心。贺兰山东麓地区蕴藏着丰富的生态资源，是我国生态安全战略格局"两屏三带"中"黄土高原—川滇生态屏障"和"北方防沙带"的重要组成部分，生态区位十分重要。石嘴山市依贺兰山而建、临黄河而立，作为贺兰山东麓地区的典型代表，是西北地带生态环境典型区域，兼具山水林田湖草等自然生态要素，其生态空间拓展潜力大，具有重要的国家生态安全屏障作用。

　　在财政部等部委和宁夏回族自治区政府的大力支持下，石嘴山市坚定不移地推进生态转型，大力实施生态立市战略，先后获得"国家资源枯竭城市经济转型试点""国家承接产业转移示范区""全国资源综合利用'双百工程'示范基地""国家循环经济示范区""生态文明先行示范区""循环经济示范城市"和"全国中小城市综合改革试点"等殊荣。

但随着工业化、城镇化的快速发展，目前石嘴山区域生态系统的负荷呈爆发式增长，区域的一些生态环境问题如废弃矿山生态环境破坏、水环境恶化，生物多样性受到严重威胁，水土流失、土地功能退化等问题亟待解决，生态源头功能及美丽乡村建设亟须保护与提升。虽然多年来国家和宁夏回族自治区各级人民政府投入了大量资金开展环境治理和生态修复，但由于管理工作条块分割、资金缺口大、生态保护的协调不够等诸多现实问题，治理成效不够明显，治理成果难以持续，故亟须以创新模式及整体系统性的思路开展山水林田湖草生态保护修复。

　　习近平总书记 2016 年在宁夏考察时就已明确提出"要努力实现经济繁荣、民族团结、环境优美、人民富裕，确保与全国同步建成全面小康社会"的工作总要求。面对生态环境建设的更高挑战以及党中央、国务院的决策部署，针对石嘴山市生态环境修复的实际需求，亟需开展山水林田湖草生态保护修复研究，遵循系统性、全面性、综合性、区域性和长期性相结合的治理原则，通过整体部署、系统推进生态保护修复工程，全面提升区域内生态环境承载力。本书以贺兰山东麓地区——石嘴山市生态环境问题及生态重点保护区为基础，整体将区域分为"修山、护河、治平原"三片区，同时分类分步推进贺兰山生态保护与修复、黄河流域生态保护与修复、平原地带污染源控制与环境综合整治三大生态建设。

　　通过石嘴山市山水林田湖草生态保护修复研究工作的开展，可以在石嘴山市基本建成布局合理、功能完善的自然保护区体系，使该区域生态环境稳定性明显改善，生态环境全面恢复，生态系统服务与保障功能供给能力显著增强，生态系统保护、修复和管理的体制机制日趋健全，并为其他西部地区开展山水林田湖草生态保护修复提供可复制、可推广的成熟路径。

目　录

1　开展山水林田湖草生态保护修复研究的背景及意义 /1

　　1.1　开展山水林田湖草生态保护修复研究的重要性 /3

　　1.2　开展山水林田湖草生态保护修复工作的紧迫性及必要性 /6

2　贺兰山东麓地区——石嘴山市基本情况 /11

　　2.1　石嘴山市自然地理特征 /13

　　2.2　石嘴山市社会经济概况 /21

　　2.3　石嘴山市区位优势 /23

3　生态保护与修复的基础及挑战 /25

　　3.1　生态保护与修复工作的基础 /27

　　3.2　生态保护各要素存在的问题及相互关联性 /29

4　研究思路 /35

　　4.1　指导思想 /37

　　4.2　研究理念 /37

　　4.3　基本原则 /39

　　4.4　研究依据 /40

　　4.5　主要任务 /42

　　4.6　总体目标 /45

5 **生态保护与修复分区** /47

    5.1 分区思路 /49

    5.2 分区方案 /50

6 **生态保护与修复工程方案设计** /53

    6.1 贺兰山生态保护与修复工程 /55

    6.2 黄河流域生态保护与修复工程 /58

    6.3 平原地带污染源控制与环境综合整治工程 /68

7 **效益分析** /85

    7.1 生态效益分析 /87

    7.2 经济效益分析 /88

    7.3 社会效益分析 /89

8 **创新体制机制建设** /91

    8.1 建立三级联动组织机制 /93

    8.2 建立责任分工奖惩机制 /94

    8.3 建立规划保障机制 /94

    8.4 建立动态监管机制 /95

    8.5 建立资金筹措机制 /97

    8.6 建立专家咨询机制 /97

    8.7 建立宣传教育引导机制 /98

    8.8 建立长效监管机制 /98

附 图 /99

    附图 1 石嘴山市山水林田湖草生态保护与修复总图 /99

    附图 2 石嘴山市山水林田湖草生态保护与修复工程各县（区）分布 /100

开展山水林田湖草
生态保护修复研究的
背景及意义

1

1.1 开展山水林田湖草生态保护修复研究的重要性

1.1.1 深度拓展新时期生态文明建设的重要举措

党中央、国务院高度重视生态环境保护，习近平总书记指出，"建设生态文明，关系人民福祉，关乎民族未来""良好生态环境是最公平的公共产品，是最普惠的民生福祉"。2013 年 11 月，习近平总书记在《关于〈中共中央关于全面深化改革若干重大问题的决定〉的说明》中指出："我们要认识到，山水林田湖是一个生命共同体，人的命脉在田，田的命脉在水，水的命脉在山，山的命脉在土，土的命脉在树。用途管制和生态修复必须遵循自然规律，如果种树的只管种树、治水的只管治水、护田的单纯护田，很容易顾此失彼，最终造成生态的系统性破坏。由一个部门负责领土范围内所有国土空间用途管制职责，对山水林田湖进行统一保护、统一修复是十分必要的。"2015 年 9 月，中共中央、国务院印发了《生态文明体制改革总体方案》，在生态文明体制改革的理念中提出："树立山水林田湖是一个生命共同体的理念，按照生态系统的整体性、系统性及其内在规律，统筹考虑自然生态各要素、山上山下、地上地下、陆地海洋以及流域上下游，进行整体保护、系统修复、综合治理，增强生态系统循环能力，维护生态平衡。"2015 年 11 月，党的十八届五中全会提出"筑牢生态安全屏障，坚持保护优先、自然恢复为主，实施山水林田湖生态保护与修复工程，开展大规模国土绿化行动"，生态安全屏障建设再次成为焦点。国家"十三五"规划纲要明确指出，在"十三五"期间将从国家生态安全屏障保护修复、国土绿化行动、国土综合整治天然林资源保护、新一轮退耕退牧还林还草、防沙治沙和水土流失综合治理、湿地保护与恢复、濒危野生动植物抢救性保护八个方面着手，实施山水林田湖生态工程。此项工程坚持保护优先、自然恢复为主，推进自然生态系统保护与修复，构建生态廊道和生物多样性保护网络，全面提升各类自然生态系统稳定性和生态服务功能，筑牢生态安全屏障。

1.1.2   落实国家领导人视察宁夏要求以及"两会"督办建议具体行动

党中央、国务院历来高度重视贺兰山及黄河流域的生态环境保护工作。2016年习近平总书记亲临宁夏回族自治区视察指导工作，从国家战略高度作出了关于深入推进生态文明建设的重要指示。总书记强调，"要加强黄河保护，坚决杜绝污染黄河行为，让'母亲河'永远健康"，同时也对宁夏回族自治区明确提出"努力实现经济繁荣、民族团结、环境优美、人民富裕，确保与全国同步建成全面小康社会"的工作总要求，这也为宁夏的生态文明建设和环境保护指明了前进的方向，提出了更高要求。2018年6月，李克强总理视察宁夏工作时指示，要全力推进宁夏回族自治区山水林田湖草建设，为自治区60周年大庆献上生态大礼，为石嘴山市做好各项工作提供了根本遵循。2018年，全国"两会"期间，人大代表提出的"加大对宁夏山水林田湖草生态保护修复投入的建议"充分表明了石嘴山市人民群众的心声，被列为全国人大重点督办建议。

综上，在贺兰山东麓地区——石嘴山市开展山水林田湖草生态保护与修复案例研究，对该区域进行切实保护，使其生态功能得到恢复和提升，对于保障国家生态安全及实现可持续发展具有重要的战略意义。

1.1.3   生态安全战略格局的重要组成部分

石嘴山市是一座新兴城市，号称"塞上煤城"，因生产无烟煤而闻名中外，是宁夏回族自治区唯一一个获得"国家森林城市"称号的地级市，同时也是全国资源转型示范城市。石嘴山市是宁夏回族自治区生产要素群和经济活动最为集中的地区之一，也是宁夏沿黄经济区的核心组成部分及生态文明的先行区。

石嘴山市也是一座山水林田湖草相互融合、交相辉映的城市，既有孕育中华民族灿烂文明的"母亲河"——黄河（黄河在城市东侧贯穿全境，全长 108 km），也有我国西北重要的生态安全屏障、宁夏人民心中的"父亲山"——贺兰山脉（贺兰山在城市西侧跨越南北，长87 km，东西宽 20 ～ 40 km，占石嘴山市国土总面积的 30.24%）。这也使石嘴山市成为黄河文化、西夏文化和回族文化等特有历史文化资源汇聚的地方。

从生态安全战略格局来讲，石嘴山市是我国"两屏三带""黄土高原—川滇生态屏障"和"北方防沙带"的重要组成部分，是我国西部重要的生态屏障，在全国生态安全战略格局中具有特殊地位，其区位十分重要。石嘴山市深得黄河之利且承泽贺兰山庇护，它不仅是"一带一路"的重要支点，也是中国—阿拉伯国家经济文化交流的重要窗口，可以说，石嘴山市作为宁夏回族自治区重要的生态安全示范城市，肩负着维护黄河中上游及华北、西北地区生态安全的重要使命，所以在该区域开展山水林田湖草生态保护修复的研究意义重大而深远。

1.1.4 咽喉要地，作用显著

贺兰山西部和北部有著名的腾格里沙漠和乌兰布和沙漠，具有气候干燥、夏季炎热、冬季严寒、雨雪稀少、风大沙多、蒸发强烈等特点；而贺兰山东部则是银川平原，素有"塞上江南"的美称。黄河自南向北流过银川平原，与库布齐沙漠相隔。贺兰山山势的阻挡，既削弱了西北高寒气流的东袭，也阻止了潮湿的东南季风西进，遏制了腾格里沙漠的东移，使银川平原发展成为"鱼米之乡"，同时对支撑黄河以东的库布齐沙漠、毛乌素沙漠的生态修复作用显著。黄河流经宁夏平原，与贺兰山一道，成为我国沙漠东移的两道天然屏障。

贺兰山东麓地区的石嘴山市就处于该地貌格局中的关键点位上。石嘴山市及周边区域的整体保护，对削减流沙入黄河、护卫下游平原地区具有重要的作用。

1.2 开展山水林田湖草生态保护修复工作的紧迫性及必要性

1.2.1 保护"父亲山"，着力构建西北生态安全屏障

贺兰山位于宁夏回族自治区与内蒙古自治区交界处，山脉为南北走向，绵延约 200 km，宽约 30 km，是中国西北地区重要的地理界线。它不但是中国河流外流区与内流区的分水岭，而且是季风气候和非季风气候的分界线，还是中国 200 mm 等降水量线。同时，贺兰山还是中国草原与荒漠的分界线，是我国安全战略格局"两屏三带"中"黄土高原—川滇生态屏障"和"北方防沙带"，以及《全国生态功能区划》中西鄂尔多斯—贺兰山—阴山生物多样性保护与防风固沙区域的重要组成部分，是我国西北地区重要的生态屏障，保障着西北地区、华北地区乃至全国的生态安全。贺兰山是国务院确定的重要水源涵养林区，是我国北方荒漠地区极为珍贵的集水山地，是沿山地区人民生活和生产的水源地，也是宁夏平原地区地下水的主要来源和维系众多湖泊、湿地的关键因素。贺兰山为石质山地，土地瘠薄，多有岩石裸露，植被类型较简单，植被覆盖度低，东部为半农半牧区，西部为纯牧区。该区域以山地、森林和荒漠植被为主，生态环境非常脆弱，一旦遭到人为破坏就很难恢复。

所以对贺兰山区域的生态进行保护也是西北地区生态安全与发展的重要保障。以贺兰山区域为案例开展生态保护研究，对西北脆弱生态环境保护具有重要的借鉴和示范意义。

1.2.2 保护"母亲河"，守护华夏文明之树绵延不断的根

黄河是华夏文明的发源地，中国人称其为"母亲河"。宁夏回族自治区引黄河水自流灌溉已有两千多年的历史，年引水量达数十亿立方米。黄河两岸的宁夏平原地势平坦、土地肥沃，引黄灌溉条件得天独厚，是

全国四大自流灌区之一。黄河从宁夏回族自治区中部贯穿其间，流经 12
个县（市），流程近 400 km，滋润养育着宁夏区域大部分平原地区，描
绘出一幅"天下黄河富宁夏"的图景。

　　黄河流经石嘴山的区域位于黄河上游，既是黄河水土保持重要功能
区，又是中下游水资源和水环境安全保障的源头区。作为黄河上游的雨
洪调节器和水质净化器，该区域对保障黄河中下游的生态安全具有十分
重要的意义（图 1-1）。目前该区域大部分处于干旱缺水地区，年降水
量仅 183 mm 左右，但蒸发量却达 1 300 ～ 2 100 mm，研究区域的主要
水资源为过境黄河水资源，本地水资源总量极为有限，水资源短缺、供
需不平衡等问题日益突出。同时，黄河过境水质和河湖湿地、排水沟等
水质情况均不容乐观，水环境改善的任务十分繁重。

　　因此，开展山水林田湖草生态保护修复研究，实施沙湖、星海湖等
湖泊湿地水系连通工程，加强水利信息化建设，健全水资源管理体系，
强化水利设施管护，确保长效良性运行，对稳定和维护周边地区的水生
态安全，尤其是整个宁夏地区的生态系统稳定性具有重要的作用。

图 1-1　黄河水系流经地区示意图

1.2.3 保护生态脆弱区，建设"美丽山下河岸区"，为西北干旱半干旱地区提供样板示范

贺兰山东麓地区是我国生态环境最脆弱的地区之一，该区域处于我国生态环境严酷的荒漠与半荒漠地带，86% 的地域年降水量在 300 mm 以下，西、北、东三面被腾格里沙漠、乌兰布和沙漠、毛乌素沙漠包围，生态环境敏感复杂。

石嘴山市是国家"一五""二五"和"三线"建设时期，依托东北工业基础重点布局的以煤炭、电力、钢铁、煤矿机械、有色金属等产业为主的国家级老工业基地，为国家和宁夏回族自治区发展、建设做出了突出贡献。然而，随着工业化、城镇化的快速发展，石嘴山市生态系统的负荷呈爆发式增长，虽然历届市委、市政府始终高度重视石嘴山市的生态环境保护，近年来累计投资 50 多亿元，组织并实施了一系列生态环境保护项目及机制能力建设措施，但由于石嘴山市本身生态环境的脆弱性，一些生态环境问题仍然存在并亟待解决，生态源头功能及美丽城市建设亟须保护与提升。

依托贺兰山、黄河等特色资源和城市资源，围绕山水林田湖草各要素关键问题开展研究，是保护研究区域内生态脆弱区的迫切需求，也是贯彻落实"绿色发展"和践行"美丽山下河岸区"建设理念的重要手段。同时也可以为西北干旱及半干旱地区提供样板示范。

1.2.4 体现区位优势，为实现"一带一路"倡议提供重要支撑

地处内陆的石嘴山市，处在新欧亚大陆桥国内段中间位置，拥有对内连接西北、华北和东北地区，对外通往中亚地区、西亚地区的特殊陆空优势。随着中阿博览会等展会的举行，研究区域越来越成为丝绸之路经济带沿线国家"向东看"和中国"向西看"的新通道与新平台。因此，改善区域生态环境，对加快地区经济社会发展和全面小康社会建设进程，促进老、少、边、穷地区共享改革发展成果，深入推进新一轮西部大开发，

实现"一带一路"倡议有着重要意义，也为石嘴山市积极融入"一带一路"建设提供有力支撑。

1.2.5 有利于产业结构调整，创建转型城市生态治理新机制，促进区域绿色发展

石嘴山市是一座因煤而建、因煤而兴的老工业城市，生产结构相对单一，开展山水林田湖草案例研究，可以通过加大生态建设力度，牢固树立"绿水青山就是金山银山"的理念，坚持绿色发展，在保持水土、改善生态环境的同时提高农牧业综合生产能力、市场竞争能力和可持续发展能力，促进其从落后单一的重工业结构向现代产业体系转变。

山水林田湖草生态保护修复工作的系统性和整体性比较强，而长期以来我国生态治理普遍存在部门分割、区域沟通不畅、资金投入不足等突出问题，所以传统的治理模式无法实现系统性和整体性的生态治理，需要大力创新，构建山水林田湖草生态保护和修复模式创新平台，整体推动各项工作。

综上所述，贺兰山东麓地区——石嘴山区域是我国西北地区重要的生态安全屏障、水源涵养区及生物多样性保护功能区，其生态环境关系着我国西北地区的生态安全及边界的稳定，关系着我国"一带一路"倡议西北部地区目标能否早日实现，同时也关系着老工业转型城市的生态文明建设与可持续发展。通过山水林田湖草生态保护与修复案例研究工作的开展，加速开展矿山生态保护与修复、流域水生态保护与修复、生物多样性保护及农田生态保护与修复等建设，加大主要河流流域综合整治和贺兰山脉生态环境保护治理力度，加强农业面源污染防控，土壤污染源头综合整治，加强低质土壤的修复与改良，从而全面提升生态屏障、水源涵养、水土保持、物种保护和生态调节能力，有利于促进生态系统全面健康发展，对实现石嘴山市经济社会与生态保护"双赢"，有力推动贺兰山东麓地区老工业城市的绿色健康发展意义重大。

贺兰山东麓地区
——石嘴山市基本情况

2

2.1　石嘴山市自然地理特征

2.1.1　地理位置

石嘴山市位于宁夏回族自治区北部，东经 105°58′~106°39′，北纬 38°21′~39°25′，东西宽约 88.8 km，南北长约 119.5 km，市域面积 5 310 km²，现辖大武口、惠农、平罗 3 个县（区）。

石嘴山市是我国生态安全战略格局"两屏三带"中"黄土高原—川滇生态屏障"和"北方防沙带"的重要组成部分，是我国西部地区重要的生态屏障，在我国生态安全战略格局中具有特殊地位，生态区位十分重要。贺兰山与黄河分别在城市东西两边贯穿全境。贺兰山是我国西北地区的重要地理界线、西部重要的气候和植被分界线，也是干旱—半干旱气候过渡地带和北方荒漠地区极为珍贵的集水山地、重要的水源涵养林区。贺兰山是青藏高原连接阴山山脉、大兴安岭以至西伯利亚的生物山地廊道，是我国生态功能区划中西鄂尔多斯—贺兰山—阴山生物多样性保护区的重要组成部分。雄浑的贺兰山阻隔了腾格里沙漠东移，是保卫北京、华北地区不受风沙侵袭的绿色长城。黄河中上游河段从石嘴山市穿境而过，使这里成为中国西北地区和华北地区的重要水源、沿黄地区经济发展的生命线、我国 21 世纪内陆经济发展的轴线，保障着黄河上、中游流域及华北、西北地区的生态安全，在我国生态安全战略格局中具有特殊地位。

2.1.2　地形地貌特征

石嘴山市地处贺兰山脉东北部，区域地形地貌以山地和平原为主，由贺兰山地、洪积倾斜平原、黄河冲积平原、鄂尔多斯台地 4 个单元组成，西部、南部地区较高，北部、东部地区较低，略呈西南→东北方向倾斜（图2-1）。海拔高度最低为1 090 m，最高为3 475.9 m，最大相对高差达2 389.5 m。贺兰山是雄踞西北部的天然屏障，受地质构造、干燥剥蚀和流失侵蚀的影响，形成山体多突兀、高低悬殊、岭谷相间、山壁陡峭、沟谷深切、地面破碎的地貌特征。洪积倾斜平原的南部由贺兰山山前洪积扇裙构成，沿山麓呈不规则带状分布，宽2.5～8.6 km，海拔高程为1 100～1 150 m，自西北向东南呈10‰～50‰的坡度倾斜；北部为山前洪积平原（石嘴山盆地），海拔为1 115～1 160 m，相对高差为10～30 m，自西向东以10‰左右的坡度倾斜。黄河冲积平原位于洪积倾斜平原以东、黄河以西，含黄河阶地的广大地区，海拔为1 070～1 100 m，地势平坦，坡降由南向北变缓。鄂尔多斯台地（石嘴山端）自西向东分布于惠农区的石嘴山矿区附近、平罗县的沙湖旅游区附近和黄河东西两侧。地势平坦，整体坡降在黄河以西是自西向东变缓，黄河以东自西向东变陡。

图2-1 石嘴山市地形地貌

2.1.3 气候、气象特征

石嘴山市地处黄土高原和青藏高原的交会地带，处中温带干旱气候区和季风气候区西缘，属典型的温带大陆性气候。

（1）日光充足，蒸发量较大

石嘴山市全年日照充足，太阳辐射强，降水量集中，蒸发强烈。年日照总时长 2 928 h，总辐射为 6 027 ～ 6 203 MJ/m³，仅次于青藏高原。石嘴山市多年平均降水量为 183.25 mm；降水高值区在西部贺兰山区域，降水量在 300 mm 以上；自西向东递减至黄河右岸陶乐台地，降水量不足 200 mm；年内降水主要集中在 6—9 月，占全年总降水量的 73.3%；降水量年际变化大，最大为 218.78 mm（2006 年），最小为 117.7 mm（2011 年）。蒸发量变化趋势与降水量相反，范围为 1 300 ～ 2 100 mm。黄河右岸的陶乐台地干旱少雨，蒸发强烈；引黄灌区受灌溉影响，湿度增大，年水面蒸发量相应较小，蒸发量年内最大值出现在 5—7 月，最小值出现在 1 月、12 月。

（2）四季温差较大，无霜期短

春暖而多风，夏热而短促，秋凉而短旱，冬寒而漫长。全市年平均气温为 9.2℃，最冷月（1 月）平均气温为 -7.7℃，极端最低气温为 -27.9℃。最热月（7 月）平均气温为 24.3℃，极端最高气温为 39.9℃。气温日差大，大部分地区昼夜温差一般可达 12 ～ 15℃。年平均无霜日为 179 d。石嘴山市各气象站气象要素情况见表 2-1。

表 2-1 石嘴山市各气象站气象要素

站名	平均气温 /℃	年降水量 / mm	水面蒸发 / mm
大武口	9.4	184.3	1 350.6
石炭井	7.8	172.9	1 580.3
惠农区	8.3	178.7	1 506.3

2.1.4 水系概况

　　石嘴山市地处银川平原北部。黄河水系干流及一级支流都思兔河、水洞沟等过境水为石嘴山市主要地表水系（图 2-2）。此外还有东西横向大风沟、归韭沟、大武口沟和汝箕沟等 9 座山洪沟；唐徕渠和惠农渠为主的灌渠；艾依河、沙湖、星海湖、镇朔湖等组成的沙湖流域；沙湖湿地区、星海湖湿地区、天河湾湿地区以及零星湿地区等组成的湖泊湿地系统；第三排水沟、第五排水沟、三二支沟、三三支沟为主的排水沟。石嘴山市地下水主要来源于黄河水渗入和山地降雨贮备，富集于山前洪积扇及平原地带（贺兰山风化浅山地带贮存了少量风化裂隙水，鄂尔多斯台地地下水贮存极少）。

图 2-2　石嘴山市水系图

2.1.5　土壤

石嘴山市土壤以灰钙土和灌淤土为主。灰钙土是内陆干旱气候条件下形成的地带性土壤，分布于贺兰山浅山、山前洪积扇，总计 155.75 万亩[①]，该土壤有效土层较薄，一般不超过 60 cm，肥力低，有机质含量为 0.6% ～ 1.0%，土壤表土含盐量为 0.07%，pH 为 7.8 ～ 8.4，氮、磷等营养元素匮乏。灌淤土是在长期灌溉、落淤、施肥条件下形成的农用土壤，分布在冲积平原灌区，总计 89.64 万亩，该土壤灌淤层一般为 30 ～ 70 cm，肥力较低，有机质含量约为 1%，含盐量较高。另外，还有一部分粗骨土、风沙土、新积土、石质土、盐土、潮土、碱土等。

2.1.6　植被

石嘴山市西依贺兰山脉，东靠毛乌素沙漠，气候干燥，森林覆盖率低（仅为 12.5%）。自西向东依次为山地、平原、荒漠草原、荒漠。山地包括海拔 1 500 m 以上的高山地带及贺兰山浅山地带，植被以油松、山杨、青海云杉等天然乔木和红砂、鹰爪柴、猫头刺、沙蒿、柠条、油蒿、苦豆子、白草等天然灌木为主。荒漠草原植被主要分布在贺兰山东麓洪积扇的局部地区和河东鄂尔多斯台地，主要植被为短花针茅、细弱隐子草等耐旱小禾草以及紫穗槐、沙枣等灌木植物。盐碱地主要位于惠农渠北部，植被主要为耐盐植物以及玉米、向日葵等作物，覆盖度为 20% 左右。河湖平原受益于引黄灌溉之利，灌区内土壤以灌淤土为主，土壤肥沃，植被类型以玉米、水稻、经济作物、林草等人工植被为主。荒漠边缘植被以人工建造防风固沙林为主，乔木有沙枣、刺槐、国槐、臭椿、山杏等，灌木有柠条、紫穗槐、红砂、珍珠猪毛菜等，以及短花针茅、戈壁针茅、沙生针茅、细弱隐子草等旱生小禾草，覆盖度为 10% ～ 40%。贺兰山多年平均植被覆盖度占其总面积的比例见表 2-2。

[①] 1 亩 ≈ 666.67 m²。

表 2-2　贺兰山多年平均植被覆盖度占其总面积的比例

单位：%

植被覆盖度	春季	夏季	秋季
低覆盖度	76.8	65.2	85.6
中覆盖度	19.8	24.2	13.9
高覆盖度	3.4	10.6	0.5

2.1.7　自然资源

（1）水资源

2015 年水资源总量约为 $1.54 \times 10^9 \text{m}^3$。人均水资源占有量不足，约为全国人均水资源占有量的 1/10，属于严重缺乏水资源地区。地区用水主要来源于过境的黄河水，根据 1998 年出台的《黄河水量调度管理办法》，石嘴山市黄河引水指标为 $9.00 \times 10^9 \text{m}^3$，黄河耗水指标为 $4.85 \times 10^9 \text{m}^3$（不包括地下水和中水等）。

（2）土地资源

石嘴山市内土地总面积 407 446.62 hm²，其中农用地面积 146 860.29 hm²，占土地总面积的 36.04%；建设用地面积 45 486.03 hm²，占土地总面积的 11.16%；其他土地面积 215 100.3 hm²，占土地总面积的 52.79%。[①]

（3）野生植物资源

石嘴山市野生维管植物 84 科、329 属，总计 647 种，其中 17 个变种；苔藓植物 26 科、65 属，142 种；大型真菌 259 种。其中有国家级保护植物沙芦草、沙冬青、野大豆、蒙古扁桃、贺兰山丁香、四合木、苏铁、黄芪、樟子松、白梭梭 10 种。四合木是国家"稀有"类、二级保护植物，被誉为植物中的"活化石"和植物中的"大熊猫"，全球除了俄罗斯和乌克兰的零星地区，其主要分布于内蒙古杭锦旗西部至乌海市黄河两岸到宁夏石嘴山一带，以及贺兰山北部低山；蒙古扁桃是

---

① 本书中所有占比数据修约均根据原始数据进行计算，与修约后的数据直接计算结果可能有所不同。

国家二级保护植物，在我国仅分布于甘肃省及宁夏回族自治区部分海拔 1 000～2 400 m 的荒漠地带。此外，还有小叶朴、松潘叉子圆柏、花叶海棠、西北沼委陵菜、青杨、文冠果、黄花忍冬、甘草、霸王、花花柴、凹舌兰、荆条、油松、毛山楂、稠李 15 种有较高绝迹风险的植物。

（4）野生动物资源

石嘴山市共有脊椎动物 5 纲 30 目 61 科 155 属 241 种。其中哺乳类 5 目 10 科 23 属 28 种，占脊椎动物总种数的 11.62%；鸟类 18 目 36 科 101 属 178 种，占脊椎动物总种数的 73.86%；爬行类 2 目 5 科 7 属 10 种，占脊椎动物总种数的 4.15%；两栖类 1 目 2 科 2 属 2 种，占脊椎动物总种数的 0.83%；鱼类 4 目 8 科 22 属 23 种，占脊椎动物总种数的 9.54%。其中兰州鲇、大鼻吻鮈、北方铜鱼、黄河鲤、黄河鮈等鱼类为黄河水系特有鱼类。国家重点保护动物 40 种，其中一级保护动物有大鸨、黑鹳、马麝、中华秋沙鸭、白尾海雕等 8 种；二级保护动物有马鹿、岩羊、蓝马鸡、雀鹰、松雀鹰、大鲵、角䴙䴘、斑嘴鹈鹕、大天鹅、小天鹅等 32 种。有 33 种鸟类属于《濒危野生动植物种国际贸易公约》中规定的保护动物，有 81 种鸟类属于中日候鸟保护协定规定的保护种类，有 9 种属于中澳候鸟保护协定规定的保护种类。

（5）湿地资源

石嘴山市内湿地包括河流湿地、湖泊湿地、沼泽湿地和人工湿地 4 种类型，总面积为 55 038.28 hm²，其中，河流湿地总面积为 23 975.21 hm²，占全市湿地总面积的 43.6%；湖泊湿地总面积为 7 770.51 hm²，占全市湿地总面积的 14.1%；沼泽湿地总面积为 16 731.23 hm²，占全市湿地总面积的 30.4%；人工湿地总面积为 6 561.33 hm²，占全市湿地总面积的 11.9%。

（6）矿产资源

石嘴山市内矿藏品种多，分布面广，现已探明有煤炭、硅石、石灰岩、黏土、铁等 18 种矿藏。主要有煤、铁、水泥配料用黏土、陶瓷黏土、耐火黏土、冶金用石英砂岩、冶金用石英岩、玻璃用石英砂岩、矿泉水、地下水等，尤以煤、硅石、黏土等非金属矿藏蕴藏量大。已探明煤炭储量为

25 亿 t,硅石储量 42 亿 t,黏土储量 1 300 万 t。其中,无烟煤、耐火黏土、冶金与玻璃制造用的石英(砂)岩查明资源储量居宁夏回族自治区之首。

2.1.8　生态功能区划与自然保护区建设概况

（1）生态功能区划

石嘴山市位于银北平原北部,根据《宁夏生态功能区划》可知,石嘴山市一级区划划分为宁夏北部干旱平原生态区,二级区划划分为贺兰山山地森林草地生态亚区和银吴平原引黄灌溉农田生态亚区,共包含 7 个生态功能区(表 2-3)。

表 2-3　石嘴山市生态功能区划分

一级区划	二级区划	生态功能区
宁夏北部干旱平原生态区	贺兰山山地森林草地生态亚区	贺兰山国家级自然保护区生态功能区
		贺兰山北段灌丛草原保护生态功能区
	银吴平原引黄灌溉农田生态亚区	银北旱作灌区盐化治理生态功能区
		沙湖自然保护区及西大滩盐碱治理生态功能区
		贺兰山东麓洪积平原林草建设、山洪防治生态功能区
		平惠黄河滩地植被保护生态功能区
		陶乐扬黄灌溉节灌农田生态功能区

（2）自然保护区

石嘴山市境内自然保护区包括以干旱风沙区森林系统为主的宁夏回族自治区贺兰山国家级自然保护区(以下简称"贺兰山自然保护区")和以内陆湿地生态系统为主的自治区级宁夏回族自治区沙湖自然保护区(以下简称"沙湖自然保护区")。

贺兰山自然保护区位于宁夏西北部,北起麻黄沟,南至三关口,西到分水岭,东至沿山脚下,保护区总面积为 193 535.68 hm²。其中石嘴山市保护区地跨平罗县、大武口区和惠农区,面积约占保护区总面积的 3/4。境内珍稀动植物资源丰富,有高等植物 655 种,其中国家保护植物有四合木、沙冬青、贺兰山丁香、凹舌兰等6种；有陆栖脊椎动物135种，其中国家重点保护动物有林麝、岩羊、蓝马鸡等16种；有以青海云杉为主的水源涵养林。

　　沙湖自然保护区位于石嘴山市南部平罗县，东部、东北部分别与内蒙古自治区鄂托克前旗、鄂托克旗接壤，西依贺兰山与内蒙古自治区阿拉善左旗毗连，南临银川市贺兰县和兴庆区，北接石嘴山市大武口区、惠农区，保护区总面积4 247.6 hm²。沙湖自然保护区湿地生态资源丰富，融湖泊、湿地、生物、沙漠多种地质地貌景观为一体，形成了完整的湖泊生态系统和湿地生态系统，这里既是鸟类繁殖、栖息的理想场所，又是荒漠化湿地生态系统的综合保护研究区域。

2.2　石嘴山市社会经济概况

2.2.1　人口规模

　　石嘴山市总面积为5 310 km²，总人口80.3万，下辖大武口区、惠农区和平罗县，共16个街道，19个乡镇。全市有汉、回、蒙、满等24个民族，其中回族占20%。大武口区有长胜街道、朝阳街道、人民路街道、长城街道等10个街道，常住人口30.36万；惠农区包括北街街道、南街街道、中街街道等6个街道和红果子镇、尾闸镇等6个乡镇，常住人口21.55万；平罗县包括城关镇、黄渠桥镇、宝丰镇等13个乡镇，常住人口28.39万（图2-3）。

图 2-3   石嘴山市行政区划

2.2.2   社会经济发展状况

近年来，在党中央、国务院的亲切关怀下，在财政部、生态环境部、自然资源部等部委的倾力支持下，石嘴山市主动适应经济发展新常态，坚持走转型发展的新路子，围绕打造石嘴山经济升级版、打响"山水园林·尚工逸城"城市品牌，大力实施"三个一"工程，迎难而上，主动作为，奋力攻坚，全市经济社会发展稳中有进、稳中提质。2017 年实现地区生产总值 580 亿元，同比增长 7%；完成固定资产投资 550 亿元，同比增长 8%；一般公共预算收入 22.8 亿元，同比增长 4%；城乡居民人均可支配收入分别达到 28 050 元、12 840 元，分别较 2016 年增长 8% 和 8.5%。

石嘴山市作为国务院首批列入 12 个资源枯竭型转型城市试点之一，在国家政策支持下，积极推进产业、民生和生态三大转型，全面振兴、创新创业，取得了明显成效，为国家推进老工业基地调整改造提供了示范，积累了经验。一是转型升级取得新成效，经济综合实力迈上新台阶，以"做强二产、做活三产、做精一产"为重点，全市产业转型和结构调整取得重大突破。二是经济发展增添新动力，创新能力实现新提升。抢抓"中国制造2025""互联网＋"经济新机遇，加快形成新的经济增长点。三是民生转型收获新成果，人民生活明显改善。以构建基本公共服务体系为重点，以解决老工业基地面临的突出问题和困难为重点，分类实施、统筹兼顾，民生转型取得积极进展，居民幸福指数位居全区前列。四是大力推进城镇化，城乡面貌明显改观。以新区开发、旧城改造和小城镇建设为重点，全面加快推进新型城镇化，城市化质量效益和城乡面貌明显提升。

在财政部等部委和宁夏回族自治区的大力支持下，石嘴山市坚定不移地推进生态转型，大力实施生态立市战略，先后获得"国家资源枯竭城市经济转型试点""国家承接产业转移示范区""全国资源综合利用'双百工程'示范基地""国家循环经济示范区""生态文明先行示范区""循环经济示范城市""全国中小城市综合改革试点国家园林城市""国家森林城市"和"全国绿化先进单位"等殊荣，成为宁夏回族自治区唯一获得"国家森林城市"的地级行政区。

2.3　石嘴山市区位优势

石嘴山市依贺兰山而建、依黄河而立，是我国西北重要的生态屏障（图2-4）。2016年习近平总书记在宁夏考察时指出，"宁夏是西北地区重要的生态安全屏障，要大力加强绿色屏障建设。要加强黄河保护，坚决杜绝污染黄河行为，让'母亲河'永远健康"。保护、修复石嘴山市山水林田湖草生态，对保障国家生态安全、保护黄河、带动老工业基地和资源枯竭型城市转型、打赢西北地区脱贫攻坚战、促进区域协调发展，具有重要的战略地位和作用。

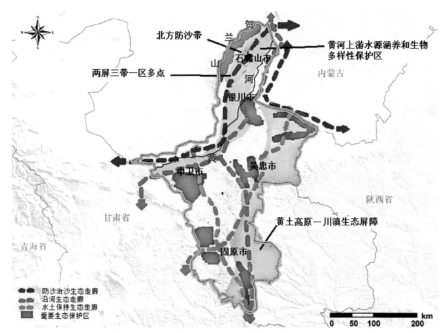

图 2-4　石嘴山市生态安全战略格局示意图

生态保护与修复的基础及挑战

3.1 生态保护与修复工作的基础

近年来，石嘴山市委、市政府深入贯彻党的十八大、党的十九大和习近平总书记重要指示批示精神，全面落实党中央、国务院关于生态文明建设决策部署，牢固树立"绿水青山就是金山银山"的发展理念，坚持生态立市发展战略，以建设国家生态文明示范区、全国老工业城市和资源型城市产业转型升级示范区为统领，不等不靠，主动担当，积极作为，出台了《关于落实绿色发展理念、加快美丽石嘴山建设（"十三五"期间）实施方案》和《石嘴山市生态立市实施方案》，累计投资 50 亿元，打好贺兰山清理整顿攻坚战、生态保卫战，实施城市"双修"工程，做好治水、治气、治土、治田"四治工程"，全方位加强生态环境保护，生态转型取得重大突破。石嘴山市以贺兰山综合整治为重点，加强矿山地质环境综合治理，整治恢复面积 6.2 万亩；大力实施造林绿化工程，完成造林面积 10.7 万亩，全市森林覆盖率达到 12.5%；以保护"母亲河"为抓手，实施入黄排水沟水环境综合治理等工程，黄河石嘴山段Ⅲ类水质达标率始终保持在 100%；围绕"四尘"同治，强化大气污染治理，2015—2017 年优良天数增加 27 天。

3.1.1 贺兰山环境综合整治

按照宁夏回族自治区党委、政府对贺兰山自然保护区生态环境开展彻底综合整治的决策部署，石嘴山市积极落实主体责任，制定本地区清理整顿实施方案，明确具体措施，盯紧重点任务，加快推进生态修复。同时制定了以推进工作方案为统揽，财力保障、两权价款和保证金退还、阶段性验收、职工安置、社会维稳等 8 项措施配套的政策体系。整治工作启动至今，投入整治资金 20 亿元，核查梳理出整治任务总计 118 处，已经完成 100 处工矿、农林牧等设施的关停退出，占治理任务的 85%，

18 处正在推进，为后期治理打下了坚实的基础。

3.1.2　水生态环境系统治理

在宁夏回族自治区制定的水污染防治工作方案、重点流域水污染防治"十三五"规划等工作方案的引领下，通过源头截污、过程控制和末端治理等多种措施开展综合整治，区域内水生态环境整体好转。截至2017 年，石嘴山市 3 座城镇污水处理厂已完成提标改造，3 座正在有序推进，2 座新建园区污水处理厂已进水调试，还有 2 座正在建设；实施完成第三排水沟、第五排水沟和三二支沟沟段清淤整治工程和第三排水沟、第五排水沟排入黄河排污口人工湿地建设工程，全部入黄排污口已经彻底封堵；完成沙湖与星海湖水系连通综合治理、星海湖中域生态修复与湖滨缓冲带和北武当河生态修复综合治理一期工程。

3.1.3　生态防护屏障建设

深入实施封山禁牧、水土保持、防沙治沙、湿地保护、绿化美化、经济林建设六大林业生态工程，封造结合、乔灌草搭配，山水林田湖草综合治理，地区生态防护屏障初步建立。"十二五"以来，营造林地面积 26 万亩，全市森林覆盖率达到 12.5%，城市建成区绿化覆盖率达到40.27%，湖泊湿地面积达到 61.5 万亩，天然草原植被覆盖度大幅增加，重度沙化草原面积不断减少。

3.1.4　水资源管控和利用

按照"人水和谐"的发展理念，立足区域水资源实际，不断加强水资源管理，最严格水资源管理制度正逐步落实，水资源开发利用总量、用水效率和水功能区限制纳污"三条红线"控制体系初步建成，水资源利用效率不断提高。通过水资源管理，全市用水量由 2010 年的 12.6 亿 m³ 下降到 2017 年的 9.911 亿 m³，农业灌溉水利用系数由 2010 年的 0.42 提高到 0.51，万元工业增加值用水量由 2010 年的 69 m³ 下降到 2017 年的 30.5 m³，综合用水指标万元 GDP 用水量由 2010 年的 362 m³ 下降到 2017 年的 182 m³，工业用水重复利用率提高到 78%。

3.1.5　农田综合生产能力建设

以银北地区百万亩盐碱地改良排水沟道整治为核心，以中低产田改造、高效节水灌溉、高标准农田建设等重点水利项目为抓手，以实施农田水利基本建设为切入点，科学布局，合理规划，重点突破，深入持续地开展农田水利基本建设，着力夯实农业基础，提高农业综合生产能力，筑牢民生幸福根基。自"十二五"以来，共完成农田水利建设投资 35 亿元，其中，启动实施了银北地区百万亩盐碱地改良工程，完成投资 5.33 亿元，治理干沟 3 条，支干沟 10 条，支沟 46 条，完成田间排水工程治理 20 万亩。通过采取水利、农业、生物等综合治理措施，土壤盐渍化得到了有效治理，治理区农田地下水位普遍降低约 0.5 m，土壤脱盐率达到 25% ～ 30%，农业生产条件得到了明显改善，粮食单产提高约 100 kg，全市 14.7 万农民从中受益。

3.2　生态保护各要素存在的问题及相互关联性

3.2.1　"山"——矿山无序开发破坏贺兰山生态屏障

贺兰山内矿产资源富集，煤炭探明储量 30 亿 t，其中被誉为"煤中之王"的无烟煤——太西煤储量 5.6 亿 t，硅石探明储量 60 亿 t。因贺兰山丰富的煤炭、电力、硅石等资源，国家将石嘴山市作为"一五"时期和"三线"建设的重要战略布局点。石嘴山市为我国社会经济发展输出了大量能源及原材料。然而多年大面积"重开采、轻治理"的开采方式，对贺兰山的生态环境和植被造成了严重破坏，矿区待修复面积达 10 多万亩。由于开采矿坑没有回填，未对渣堆等实施生态恢复，加之近年来长期干旱和暴雨天气交替出现，故常引发不同程度的泥石流、崩塌等地质灾害。矿山生态建设工程所涉及的地方主要是沙化、荒漠化的前沿阵地，采空区荒漠化加速蔓延，不久之后将会东侵进入宁夏平原，如果再不下决心保护，再不下大力气整治，一旦失去了贺兰山的屏障保护，宁夏平原就可能成为下一个消失的罗布泊，整个西北、华北地区也将暴露在肆虐的西北风沙之下，后果不堪设想。

生态破坏后的修复是一项漫长复杂的系统工程，2016年至今，石嘴山市主要对涉及贺兰山自然保护区域内的生态破坏进行了清理。保护区外还有开采的矿山和遗留的无主矿坑渣堆等没有治理，严重影响贺兰山的整体环境。同时，贺兰山区域干旱少雨，气候恶劣，大部分区域不具备人工恢复植被的条件，要靠人工播撒草籽、树种自然生长恢复植被的难度大、周期长，见效慢；恶劣的自然环境条件也导致生态恢复工作进展较为缓慢，治理效果不明显。

综上，目前贺兰山生态系统的完整性和稳定性受到了严重破坏，而贺兰山是石嘴山市生态环境安全保障的首个关键环节，起着重要的源头作用，一旦遭到破坏，其防风固沙、涵养水源、净化水质和生物多样性保护等生态服务功能降低，区域中其他生态要素的安全将面临严重威胁，例如，水土流失加剧、滑坡、崩塌、泥石流等次生自然灾害发生频率增加；泄洪道堵塞，行洪不畅，人民群众的生命财产安全受到威胁；采矿产生大量废弃土地，导致土地荒废，高效利用性差；采空区荒漠化加速蔓延，进一步造成空气和水污染；同时，沙漠化还会破坏农田野生动植物的生存环境，最终导致生物多样性受损。

3.2.2 "水"——黄河水生态环境形势严峻

一方面，过度开发利用和污染排放，让黄河流域生态环境不堪重负。由于缺乏科学的保护和利用规划，加上灌溉农业、工业和生活用水效率低下，严重影响了黄河中下游的来水量，甚至造成区域性断流，威胁中下游用水安全。工业废水、生活污水和农田退水的大量排放，加剧了黄河污染，导致黄河水环境和水生态进一步恶化。另外，目前研究区域的水污染已由集中的工业点源污染逐渐变化为工业点源污染、农业面源污染和生活污染并重，并逐步呈现出污染结构多元化和污染因素复杂化，农村环境保护和农业化肥、农药、畜禽粪便污染防治，已成为黄河流域污染防治工作的新重点、新难点。水生态环境形势依然严峻，水污染不容乐观，水土流失增加，造成近亿万吨的泥沙下泄入黄，黄河生态系统进一步受到破坏；大规模的围垦造田，造成河湖湿地退化萎缩，调水蓄洪功能被严重削弱。

另一方面，由于石嘴山市干旱少雨，主要水资源为过境黄河水资源，本地水资源总量极为有限，黄河流域水资源供需矛盾突出，严重缺水仍是研究区域生态及经济绿色发展的最大约束。一系列的水资源、水环境和水生态问题，已经严重威胁到黄河的健康和安全，并对黄河中下游地区乃至整个北方地区的生态稳定性造成了巨大的影响，保护修复刻不容缓。

综上所述，人类活动对黄河流域水体及周边湖泊湿地的干扰，导致黄河生态环境遭到破坏。

水系是"山水林田湖草"这一生命共同体的重要组成部分，水体特有的流动性将其他各要素紧密且动态地关联起来，使"山水林田湖草"六大要素形成更大尺度的生命有机体。黄河水流经区域，无处不记载着人类长期适应和改造自然的足迹，该区域也是保护水体生态系统的最后屏障和直接效益体现。作为纽带的黄河水生态环境一旦遭到破坏，其他要素也会受到牵连：黄河是我国西北地区和华北地区的重要水资源，一旦水质遭受污染，会严重影响周边及下游所有流经地区的生活、工业及农业的发展；黄河水量的减少，会导致裸露的河口地区土地盐碱化、沙化，湿地生态系统也会随之退化，水环境失衡，将进一步导致生物种群和遗传多样性丧失。

对于黄河流域的治理，即使是治水，也要把握山、林、田、湖、草之间的关联、转化以及平衡的关系，既要控源截污，也要内源治理，同时进行生态修复、景观提升，这样才能更好地达到长期的预期效果。

3.2.3 "林、田、草"等其他要素并存地生态功能亟待提高

位于贺兰山东麓地区的石嘴山市地处西北生态环境脆弱区,对气候变化和人类干扰活动负面影响十分敏感,生态功能弱,稳定性差,土地沙化趋势尚未得到根本遏制,水源涵养等生态服务功能亟待加强。目前,虽实现了森林面积和储蓄量双增长,但尚未发挥造林绿化潜力,大江大河源区、国家重点生态功能区、湖泊沼泽等重要生态示范区保护与建设水平有待提高。饮用水水源地一级保护区仍存在的违章建筑等问题须加紧解决。农业资源环境约束加剧,农业基础条件仍然薄弱,优质耕地少,中低产田多,耕地质量总体不高,沙地及荒草地面积大,土壤盐渍化重,耕地产出率低,农业用水比例过大,且用水效率低下,灌区节水改造工程仍需加大。经过多年治理,项目区生态环境得到有效改善,但生态效益贡献仍然有限,整体上仍然处于脆弱平衡状态,需要重大生态工程筑牢生态安全屏障。

生态要素并存地对维持整个区域内生态平衡和污染物排放控制起着至关重要的作用。石嘴山市主要城区是"林、田、草"等多种生态要素并存的地区。石嘴山市以及周边区域的整体保护,对于削减污染源及流沙入黄河,护卫内蒙古河套平原和东部库布齐沙漠具有重要的作用。该区域是人类活动密集区域,对研究地区内人类生产生活等活动产生的污染物起到拦截、削减及净化作用。但目前由于人类活动的增加,大量工业园区的出现,一方面,增加了污染物产出,加大了对水系的破坏风险;另一方面,土地的不合理利用及生态环境的脆弱性,导致恢复慢,土地沙化仍在加剧,严重影响了该区域以及周边,甚至下游地区的生态安全。

3.2.4 "山水林田湖草"生命共同体生态安全屏障体制机制亟待构建

石嘴山市目前仍处于老工业城市转型期,传统发展方式仍然占据主导地位,绿色发展、转型发展和自我发展能力较弱。主体功能格局尚未形成,配套政策有待落实,人与自然和谐相处的生态价值观仍需进一

步深入人心，生态文化建设需要加强。生态环境监测网络和环境监察体系尚未健全，有效监管所有污染物排放和开发建设活动的能力不足。

生态保护修复工作涉及多个部门，目前石嘴山市各部门都部署了相关的生态保护修复或环境治理专门项目，但由于部门间协调机制缺失，未能实现整体保护、系统修复、综合治理，造成项目实施效果与投入不符，治理成果难以持续等问题。另外，由于受行政区域的限制，区域间协作机制不健全，流域的上、下游，保护区的北、中、南段，未能建立起统一完整的保护体系和规划，导致区域间保护不同步，修复不同时，治理效果差。所以，石嘴山市自然资源资产产权制度和用途管制制度、生态保护红线制度、资源有偿使用制度、生态补偿制度，以及生态环境保护管理体制需进一步建立健全完善。同时，构建国家生态安全屏障的统一监督、分工负责的机制有待完善。

总体来说，生态环境是一条完整的生物链，哪个链条节点出现问题都可能导致生态灾难（图3-1）。要想让美丽的山河持续绽放光彩，既需要站在更高的层面去审视生态破坏，用大生态视野统筹生态问题，也需要通过统一部署、统一推进、统一落实、统一考核，有机衔接、共同见效的方法来加强"山水林田湖草"的保护与修复。

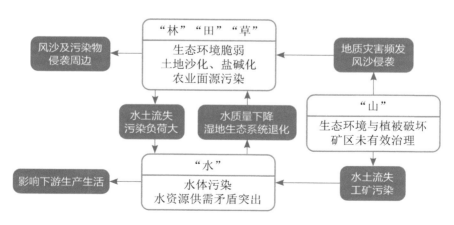

图3-1　山水林田湖草的关联

研究思路

4

4.1 指导思想

按照国务院印发的《生态文明体制改革总体方案》和财政部、生态环境部、自然资源部联合印发的《关于组织申报第三批山水林田湖草生态保护修复工程试点的通知》（财办建〔2018〕139号）要求，秉承"山水林田湖草是一个生命共同体"的理念，按照习近平总书记在党的十九大报告中提出的"加快生态文明体制改革，建设美丽中国，人与自然是生命共同体，人类必须尊重自然、顺应自然、保护自然"的指导思想，遵循国家重点生态功能区的总体要求，针对贺兰山废弃矿山问题突出、水环境恶化、土地盐碱化加剧等生态保护关键问题，突出问题导向和目标导向，遵循"整体保护、系统修复、综合治理"和自然恢复为主的理念，石嘴山市全面实施贺兰山生态保护修复、黄河流域生态保护修复、平原地带污染源控制与环境综合整治工作，着力构建完善生态系统修复、保护、管理"三位一体"的体制机制，为我国山水林田湖草生态保护修复探索可复制、可推广的新体制、新机制和新模式。

坚持绿色发展，突出城市特色，在提高区域生态环境承载力的同时，推进石嘴山市资源枯竭型城市转型发展，将其建设成富有活力和特色的现代化生态城市，打造"山水园林·尚工逸城"城市品牌。在确保贺兰山与黄河的生态安全环境良好的同时，如期全面建成小康社会，谱写中华民族伟大复兴中国梦的宁夏篇章。

4.2 研究理念

（1）统筹兼顾，综合治理山水林田湖草各要素

石嘴山市生态保护修复的规划设计和工作部署要始终秉持"山水林田湖草是一个生命共同体"的理念，要从山水林田湖草的整体性和系统

性出发，治山、治土、治水、治穷同步推进，实现生态系统全方位协调。把治理水土流失、水资源短缺、植被稀疏等问题有机结合，并贯彻全过程。对山上山下、地上地下及流域上下游进行整体保护、综合治理和系统修复，同时从生态经济系统的运用上对生态系统进行整体性的管理和保护。

（2）保护优先，自然生态恢复与人工直接干预相结合

筑牢生态安全屏障，坚持保护优先、自然恢复为主。在资源上把节约放在首位，在环境上把保护放在首位，在生态上以自然恢复为主，树立发展和保护相统一的理念、"绿水青山就是金山银山"的理念、自然价值和自然资本的理念、空间均衡的理念，"山水林田湖草是一个生命共同体"的理念，协调提升山水林田湖草各要素生态保护和修复。

（3）兼顾民生，生态环境保护与产业结构调整相结合

要坚持生态环境保护与建设和区域产业结构调整相结合，通过产业结构调整，使环境压力大、经济效益低的产业向环境压力小、经济效益高的产业转化，通过产业调整，减轻环境压力，增加群众收入，增强自我积累和自我发展能力，达到经济和环境的协调发展。改善民生，统筹兼顾，正确处理生态保护与民生发展的关系，将生态建设与增收、生产结构调整相结合，在保护和修复生态环境的同时，帮助脱贫致富，通过实施生态补偿等长效机制，实现人与自然和谐相处。

（4）宏观调控，构建长效生态保护制度

坚持跨区共建、部门联动，形成工作合力，长效协调开展生态保护修复。同时，生态系统各要素的流动性、区域内社会经济与生态环境协调性、流域上下游关联性极其复杂，容易造成山、水、林、田、湖、草分散管理，各部门单独开展生态保护修复，缺少联合防控，没有形成合力，生态整治修复效果不尽理想、财政资金使用绩效亟待进一步提高。要大胆进行机制创新，建立生态环境系统修复的组织、推进、管护、考核、奖励、责任追究等机制，构建职责明确、协力推进、务求实效的工作格局；坚持政府主导，整合财政相关资金向研究区域倾斜，制定和落

实鼓励社会广泛参与的相关政策，保障区域生态保护修复工作有效实施。同时要进行管理创新，制定一整套项目实施、财务管理和技术管理等统一的管理程序、办法和制度，使各项管理工作程序化、规范化，为生态修复项目的顺利实施提供可靠的保障。另外，要加强生态保护制度建设，使生态保护长期化、制度化和法制化。

4.3 基本原则

4.3.1 系统修复，整体推进

坚持尊重自然、顺应自然、保护自然，以"山水林田湖草是一个生命共同体"的重要理念指导开展工作，充分集成整合资金政策，把治理水土流失、改善区域石漠化、保护物种多样性、修复矿山环境、维护水源涵养功能、提升水环境质量等任务有机结合，进行整体保护、系统修复、综合治理，让相关各方形成"你中有我，我中有你"的共生局面，合力维护区域生态安全，最终真正实现山水相连，人与自然和谐相处。

4.3.2 因地制宜，区域共建

始终贯彻"山水林田湖草是一个生命共同体"的理念，注重生态保护修复的整体性、系统性、协同性及关联性，因势利导，因地制宜，把提升水环境质量、维护水源涵养功能、保护生物多样性、治理水土流失等任务有机结合，进行整体保护、系统修复、综合治理，维护区域生态安全。

4.3.3 突出特色，抓住重点

针对区域生态环境存在的突出问题，有计划、有重点、分阶段推进。针对西北地区沙漠化、矿山开采遗留的环境问题、水体污染、自然生境破碎化等突出问题，抓住发展契机，科学规划、因地制宜、合理设计工程项目，加快生态补偿制度的制定与实施，解决生态补偿机制的不足，实现生态补偿动态化，提升生态产品和生态服务功能，增强区域可持续发展能力，促进人与自然和谐共生。

4.3.4 创新机制，政策驱动

建立生态环境系统修复的组织、推进、管护、考核、奖励、责任追究等机制；构建职责明确、协力推进、务求实效的工作格局；坚持政府主导，整合财政相关资金向研究区域倾斜，制定和落实鼓励社会广泛参与的相关政策，并进一步形成生态保护修复长效机制，保障区域生态保护修复工作有效实施。

4.4 研究依据

4.4.1 政策法规类

（1）《中华人民共和国环境保护法》（2015 年）

（2）《中华人民共和国水污染防治法》（2017 年修订）

（3）《中华人民共和国水法》（2016 年修订）

（4）《中华人民共和国水土保持法》（2010 年修订）

（5）《中华人民共和国固体废物污染环境防治法》（2020 年修订）

（6）《中华人民共和国森林法》（2019 年修订）

（7）《中华人民共和国草原法》（2013 年修订）

（8）《中华人民共和国野生动物保护法》（2018 年修订）

（9）《中华人民共和国自然保护区条例》（2017 年修订）

（10）《生态文明体制改革总体方案》（中共中央、国务院，2015 年）

（11）《中共中央　国务院关于加快推进生态文明建设的意见》（2015 年）

（12）《水污染防治行动计划》（国发〔2015〕17 号）

（13）《土壤污染防治行动计划》（国发〔2016〕31 号）

（14）《关于划定并严守生态保护红线的若干意见》（2017 年）

（15）《关于组织申报第三批山水林田湖草生态保护修复工程试点的通知》（财建〔2018〕139号）

（16）《宁夏回族自治区人民政府关于印发宁夏回族自治区水污染防治工作方案的通知》（宁政发〔2015〕106号）

（17）《石嘴山市贯彻落实中央第八环境保护督察组督察反馈意见整改方案的通知》（石党办综〔2017〕36号）

4.4.2　技术规范类

（1）《生态环境监测网络建设方案》（国办发〔2015〕56号）

（2）《湿地保护修复制度方案》（国办发〔2016〕89号）

（3）《人工草地建设技术规程》（NY/T 1342—2007）

4.4.3　区划规划类

（1）《"十三五"生态环境保护规划》（2016年）

（2）《全国生态保护"十三五"规划纲要》（2016年）

（3）《全国农业现代化规划（2016—2020）》（2016年）

（4）《全国草食畜牧业发展规划（2016—2020）》（2016年）

（5）《宁夏回族自治区国民经济和社会发展第十三个五年规划纲要》（2016年）

（6）《宁夏回族自治区环境保护"十三五"规划》（2017年）

（7）《宁夏"十三五"易地扶贫搬迁规划》（2016年）

（8）《宁夏生态保护与建设"十三五"规划》（2016年）

（9）《宁夏水利发展"十三五"规划》（2017年）

（10）《宁夏回族自治区现代农业"十三五"发展规划》（2017年）

（11）《宁夏回族自治区林业发展"十三五"规划》（2017年）

（12）《宁夏回族自治区固体废物污染防治"十三五"规划》（2017年）

（13）《宁夏土地利用总体规划》

（14）《宁夏空间发展战略规划》

（15）《宁夏回族自治区主体功能区规划》

（16）《宁夏国土空间规划》

（17）《宁夏内陆开放型经济试验区规划》

（18）《石嘴山市生态文明建设"十三五"规划》

（19）《石嘴山市土地整治规划（2016—2020 年）》

（20）《石嘴山市环境保护"十三五"规划》

（21）《石嘴山市现代农业发展"十三五"规划》

（22）《石嘴山市水利改革发展"十三五"规划》

（23）《石嘴山市林业发展"十三五"规划》

4.5 主要任务

4.5.1   全面摸清生态环境突出问题

生态保护修复工作的部署需要以问题和生态功能为导向，通过整理分析石嘴山市各方面数据资料，从"山水林田湖草是一个生命共同体"的理念着眼，认真梳理石嘴山市在各个环境要素方面存在的突出问题，同时对这些问题进行仔细的研究和甄别，深入研究这些问题之间可能存在的相互联系和因果关系，做到细致梳理问题，全面看待问题，系统分析问题，统筹解决问题。真正摸清石嘴山市生态系统状况与变化趋势，为生态保护修复和管理提供可靠的支撑。

4.5.2   生态保护与修复工程方案设计

以财政部等三部委文件工程内容为主，统筹各种生态要素，对生态修复工作全面部署。改变按生态要素或资源种类保护治理的工作模式，在明确生态环境主要矛盾和问题的基础上，全面开展矿山整治修复、水环境治理、水土流失预防、农田生态系统改良等，实现山水林田湖草的整体保护修复。进行废弃矿山整治与生态保护修复，筑牢贺兰山生态屏障；推进水资源保护和水环境治理，保护黄河健康；构建立体防风固沙体系，支撑国家生态安全战略格局；改良农田生态系统，保障河套粮仓安全。筛选出一套包含矿山生态修复、生物廊道建设、水质处理等方面的，针对性和适用性强的生态保护与修复技术。

充分考虑各生态环境要素保护与修复之间的协同性和整体性，冲破部门间的"博弈思维"，割舍"部门利益"，形成更高层面的协调机制，把各类生态资源纳入统一治理的框架之中。统筹协调涉及山水林田湖草各要素的生态保护与修复、基础设施建设、监管能力建设、管理体制机制建设，提出生态保护修复体制机制创新方向、任务和路径。

4.5.3　建立健全实施保障制度措施

生态保护与修复涉及山上山下、岸上岸下、上游下游，是一个复杂的系统。水体保护和生态保护必须把每个流域看成一个整体、一个系统，谋划布局生态保护和修复工作。目前，石嘴山市生态治理能力亟待有效整合。习近平总书记指出，"由一个部门负责领土范围内所有国土空间用途管制职责，对山水林田湖进行统一保护、统一修复是十分必要的"。这是对过去治理方式的总结，更是对相关制度跟进的希望和要求。山水林田湖草，各有其权益，但更是一个生命共同体。所以，必须形成更高层面的协调机制，把各类生态资源纳入统一治理的框架之中。

在实地调研了解石嘴山市生态保护体制机制的基础上，分析"山水林田湖草是一个生命共同体"系统保护理念和技术适应性、生态保护能力等方面的关键问题，明确体制机制改革方向。依据当前我国生态文明建设和生态保护体制改革的总体要求，从组织领导、干部绩效考核、资金筹措与投入、基础设施建设、监测预警、信息化管理、公众参与监督等方面，提出生态保护修复体制机制创新方向、任务和路径。图 4-1 为石嘴山市生态保护与修复研究路线。

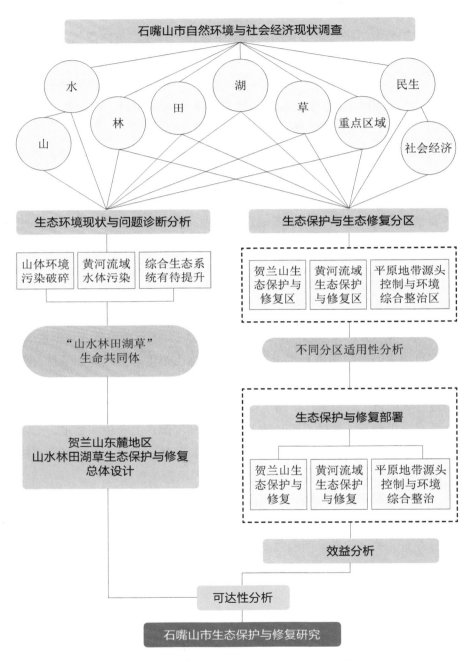

图 4-1　石嘴山市生态保护与修复研究路线

4.6　总体目标

贺兰山东麓地区的石嘴山市山水林田湖草生态保护与修复，主要依据"遵循自然规律，充分利用生态系统的自我恢复能力，辅以人工措施，使遭到破坏的生态系统逐步恢复并引导其向良性循环方向发展"的理念，针对不同区域的地理特征和突出问题，进行了任务部署。按照统一规划、分步实施的原则，两年治理，一年巩固，用时三年，对石嘴山区域山水林田湖草进行了严格保护和系统修复，并建立了长效机制，全面改善了区域生态系统环境，进一步提升了贺兰山和黄河作为国家重点生态功能要素的水平和地位。

随着山水林田湖草生态保护修复工作的开展，区域生态环境稳定性明显改善，生态环境全面恢复，生态系统服务与保障功能供给能力显著增强，生态系统保护、修复和管理的体制机制日趋健全，资源环境承载能力显著提高。

（1）山

通过贺兰山生态保护与修复工作的开展，实现矿山环境治理恢复率达到80%以上，实施矿山环境治理137处，整治废弃渣堆、采坑1 142 hm²，整治废弃工矿场地719 hm²，贺兰山自然保护区内矿山生态环境问题得到根本解决，矿山地质环境监测网基本构建。

（2）水

主要河湖水质得到改善，境内黄河干流水质达到或优于Ⅲ类的比例达到100%，第三排水沟和第五排水沟水质达到Ⅳ类标准，沙湖和星海湖水质达到Ⅲ类，全部消除劣Ⅴ类重污染水体、水面，力争实现重点入黄排水沟水质达到Ⅳ类。工业园区和城镇生活污水处理厂出水全部达到《城镇污水处理厂污染物排放标准》（GB 18918—2002）一级A排放标准。防洪体系进一步完善，黄河干流达到"20年一遇"防洪标准，贺兰山及东麓山洪沟、重点中小河流等达到国家防洪标准。

城乡供水安全保障水平显著提高，城镇集中式饮用水水源地水质达标率达到 100%，农村集中式饮用水水源地保护率达到 100%；水土流失治理面积 550 km²，水土流失治理度达到 38% 以上。

（3）林

以黄河为轴、贺兰山为脉，统筹区域绿色廊道、林网、湿地等资源，构建形成"轴、网、片、点"相结合的北部平原生态防护体系。区域森林覆盖率达到 14% 以上，新增造林面积 25.75 万亩，改造提升 13.79 万亩，封禁 103.27 万亩。

（4）田

充分结合中北部土地开发整理重大工程项目、银北地区百万亩盐碱地改良工程等，确保基本农田保有量不降低。农业基础设施条件明显改善，实施引黄灌区土壤盐碱化治理面积 50 万亩，治理率达到 80% 以上。提升耕地质量，土壤有机质提升 5%，水资源利用效率提高 10%，中低产田面积减少 15 万亩，玉米、水稻、油葵、枸杞等农作物单产增加 10%，从而提高了农业综合生产能力，促进了粮食增产、农民增收和农业可持续发展。

（5）湖

通过植被恢复、生态系统构建，以沙湖为重点，辐射其他湖泊湿地，全面改善沙湖流域（包括沙湖、星海湖、镇朔湖等流域）水生态环境，确保水质达到Ⅲ类，水生态环境明显改善。

（6）草

偏远沙丘区播撒当地适生草籽种草固定沙丘，种植方式为带状或片状种植，灌草恢复 1.74 万亩，防风固沙 20 km。通过建设围栏、管护站点、界碑、警示牌等措施，结合林草封禁，继续巩固扩大沙漠土地封禁成果。

石嘴山市山水林田湖草生态保护修复工作的开展，筑牢了我国西北地区重要的生态屏障，保障了国家生态安全，改善了黄河流域生态环境，保护了"母亲河"，带动了老工业基地和资源枯竭型城市转型，打赢了西北地区脱贫攻坚战，促进了区域协调发展，为石嘴山市乃至我国整个西北地区的绿色可持续发展奠定了良好的生态环境基础。

生态保护与修复分区

5.1　分区思路

　　石嘴山市生态保护修复的分区，在贯彻"山水林田湖草是一个生命共同体"理念与生态系统理论的基础上，采用区域整体和生态系统服务功能管理作为分区的主要依据，以"封山育林治矿山，保障黄河水资源、截污限养护农田"为生态修复纲领，对该区域进行整体、系统的生态功能划分（图 5-1）。

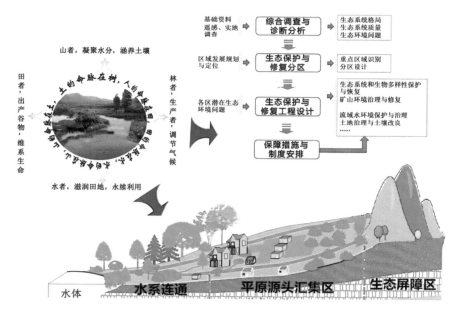

图 5-1　生态保护与修复分区思路

　　一是针对石嘴山市生态环境突出问题，确定生态保护与修复的重点内容。

　　二是贯彻"山水林田湖草是一个生命共同体"理念与生态系统理论，

明确区域内各生态系统要素之间的相互关系及山上山下、流域上下游、岸上岸下相互关系，确定产生生态环境问题的关键环节。

三是突出生态功能重要区域和生态脆弱敏感区域，开展生态系统服务功能重要性评估和生态系统敏感性评估，并通过梳理国家、宁夏回族自治区、石嘴山市相关规划、区域，从而识别影响区域生态安全、需要优先保护和修复的重点区域。

四是基于上述分析和评估，采用地理信息系统汇水区分析技术，考虑行政单元相对完整性，对石嘴山市生态保护修复空间进行片区划分，每个片区均成为独立的"从山岭到水体"的区域整体。结合生态保护修复内容，确定相应的部署区域。

5.2　分区方案

考虑到重要性、整体性、系统性、必要性、迫切性和可行性，研究范围以石嘴山市域的贺兰山脉及黄河流域为主，周边行政区综合治理为辅。结合石嘴山市矿山分布状况、黄河流经区域、生物多样性分布、基本农田分布，提出构建以"修山、护河、治平原"三片区为主体的分区方案。三片区分别为贺兰山生态保护与修复区、黄河流域生态保护与修复区、平原地带污染源控制与环境综合整治区（图5-2）。重点围绕"修山、治污、增绿、固沙、扩湿、整地"六大任务，重点推进"贺兰山生态保护修复、黄河流域生态保护修复、平原地带污染源控制与环境综合整治"3大类16项生态保护与修复工作，推行适合石嘴山市的生态保护与修复模式。

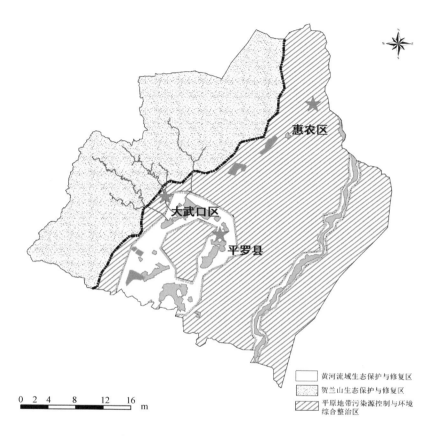

图 5-2　石嘴山市生态保护与修复分区

5.2.1　"修山"——贺兰山生态保护与修复区

"修山"主要开展贺兰山东麓地区石嘴山市的综合修复，该区为其他两区的生态安全屏障。贺兰山在整个研究区域具有起承转合的源头作用，石嘴山市贺兰山脉由于矿山开采导致地貌破碎化等问题突出，如果该区不能得到有效的治理与修复，将直接对其他区域的生态环境产生不利影响，因此，贺兰山自然保护区的修复是全流域生态环境保护与修复的关键。

5.2.2　"护河"——黄河流域生态保护与修复区

"护河"主要开展黄河石嘴山流域的保护与综合治理。黄河在石嘴山市存在诸多的生态环境问题，水流的运行过程是联系三片区的纽带，也是区域内污染物运输的主要途径，对水流在整个区域的运行过程进行全程治理与整体保护，可以确保区域生态保护和修复的整体性和系统性。

5.2.3　"治平原"——平原地带污染源控制与环境综合整治区

"治平原"为综合整治修复区，需统筹考虑石嘴山市所属行政区域大武口区、平罗县及惠农区各生态要素的治理与修复。平原地带是人类活动强烈的开发区域，该区的生态环境保护修复将服务于"修山"和"护河"两区，将两区融会贯通并紧紧联系起来，为贺兰山与黄河汇聚地的综合治理及修复提供强有力且较为独立的支撑。三片区的保护治理有着紧密的联系，三者相辅相成，互相促进。

生态保护与修复工程方案设计

6.1 贺兰山生态保护与修复工程

针对贺兰山自然保护区存在的问题，计划开展 3 个重点工程，分别为贺兰山自然保护区矿山生态环境综合治理重点工程、贺兰山东麓生态修复重点工程、矿山地质环境监测与体制能力建设重点工程（图 6-1）。

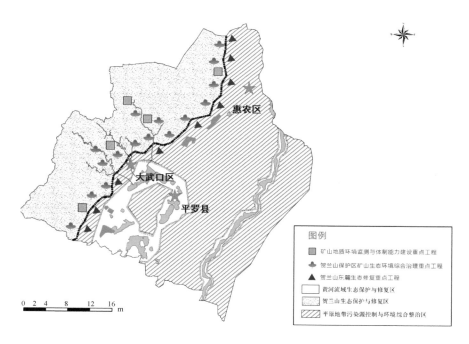

图 6-1　贺兰山自然生态保护与修复工程分布

6.1.1　主要问题

（1）矿山开采导致地形地貌破坏严重，灾害频发，生态屏障功能亟待提高

贺兰山石炭井矿区、大武口矿区等地，煤矿开采切削边坡、开挖坡脚，

造成山体失衡，采坑时常发生崩塌，地面塌陷和地裂缝现象严重。据不完全统计，保护区内存在地质灾害隐患点 194 处，地面塌陷 8 处，崩塌隐患点 86 处，泥石流隐患点 37 处，滑坡隐患点 29 处，不稳定斜坡 8 处，地裂缝 22 条。煤矿、硅石等矿山开采引起地形地貌破碎、采砂坑遍布、陡坎林立、荒滩裸露、废渣成堆、表土松散，采矿废渣尾矿随意堆放，遇上极端对流天气导致泥石流频发；煤矸石自燃污染大气，增加贺兰山自然保护区的火灾隐患；废渣经长期风化，改变了矿区土壤背景，导致有害元素在土壤中迁移与富集；在石炭井沟矿区、汝箕沟矿区、沙巴台矿区、惠农矿区的地下水受煤炭井工开采模式的影响，含水层原有的自然平衡被打破，大量矿坑排水改变了原有的补、径、排条件，使地下水水位下降、贮存量减少、水质恶化、局部由承压转为无压，导致周围裂隙水受到明显的破坏，同时地下水水位的下降进一步加剧了保护区土地及植被的退化。上述问题均导致贺兰山作为西北地区生态屏障的功能岌岌可危。

（2）矿山历史遗留问题多，修复治理任务艰巨

据不完全统计，贺兰山自然保护区有 246 个人类活动及生态破坏点，170 余家矿山，采矿生产作业面 37 处，大小 40 余家非煤矿山，遍布在保护区内的 7 个独立矿区，矿产分布范围广，基数大（图 6-2）。过去保护区内矿产开发"重开采、轻治理"，加之保护区内的采矿权问题依然未得到根本解决，贺兰山自然保护区汝箕沟矿区、石炭井矿区、贺兰山东麓葡萄基地等地超采、盗采、偷采的现象严重，遗留千余处无主矿坑渣堆；此外工矿企业假借防火工程、边坡修复工程名义，实则进行盗采偷采矿产资源，责令整改的采矿企业多数不落实生态恢复治理措施。截至 2017 年年底，18 处生态环境治理工程仍有 14 处治理点存在采煤现象，治理完成率为 22%；35 处灭火工程中还有 23 处涉及采煤作业，工程完成率为 34%；现存有的渣堆 33 处，不符合设计要求的 16 处，不合格比例占 48%。

（3）保护区生态环境依旧脆弱

贺兰山植被带由山底到山顶依次为草原化荒漠带、山地草原带、山

地叶林带和高山灌丛草甸带。目前，植被垂直带发生上移，主体植被带的区域逐渐减小。主体针叶林有相当一部分转化为高山灌丛和草甸，针叶林带的范围大大缩小。部分区域荒漠化，毒草增加迅速，在贺兰山自然保护区的缓冲区和实验区内，发现牛心朴、苦豆草、骆驼蒿、小花棘豆、骆驼蓬、披针叶黄华、沙冬青等毒草生长频繁，数目较多，且在保护区核心区域内。

图 6-2　宁夏回族自治区贺兰山自然
保护区内矿山开采区域现状

6.1.2　重点工程

（1）贺兰山自然保护区矿山生态环境综合治理重点工程

持续加大贺兰山清理整顿力度，对保护区及保护区外 2 km 范围内的矿山开采企业和其他人类活动点进行清理整治。对严重破坏山体和生态环境的 38 家露天煤矿、砂石开采企业关停取缔，进行生态整治；对 9 处无主渣堆和 4 处生态治理点削坡降台、平整场地、恢复生态；将对生态环境有一定影响的 27 家生产经营企业进行环境整治，实施渣堆覆土、平整场地、恢复植被。此次治理共清理整治 78 家，整治面积 3 万亩，自然和人工修复林草植被 4.7 万亩。

对平罗县崇岗镇、石炭井东侧、石炭井、李家沟、302 省道两侧、汝箕沟、正义关矿山、惠农区火车站南、石炭井西侧、河沟、大武口沟、鬼头沟、汝箕沟沟口南侧、落石滩、柳条沟、道路沟、小风沟 17 处矿山地质环境进行恢复治理，治理面积为 3 530.68 hm^2，治理盗采点 274 处。

预期效益：为预防和整治贺兰山自然保护区内破坏自然资源的违法

违规情况，切实加强保护区内生物多样性和自然生态系统原真性、完整性和系统性，构筑西北地区重要生态安全屏障以提供强大支撑。

（2）贺兰山东麓生态修复重点工程

工程按照"宜封则封、宜林则林、宜农则农"的原则，建设防风固沙林、水源涵养林。打造以 110 国道，301、302 省道为轴线的贺兰山东麓生态廊道；建设基础绿化带不少于 40 m、国道西侧 200～500 m 沿山绿廊，美化道路两侧和沿线产业园区；拆除沿线建筑物，平整场地、铺设管网、拉运土方、栽植苗木、补植补造并配套养护措施。完成封山育林，营造林和退化林分别改造 5 万亩，改造泵站 5 座，铺设管线 40 km，小管出流 157 万 m^2，建筑物 300 座，清运土方 4.4 万 m^3，回填土方 18.8 万 m^3。

预期效益：有效改善贺兰山东麓生态环境，涵养水源、覆盖裸露土地、减少大气污染；增加城市绿地面积，提高森林覆盖率。

（3）矿山地质环境监测与体制能力建设重点工程

该工程建设贺兰山 TD-LTE 矿山巡查系统，建立塔基 60 座；配备高清监控及配套无人机、手持电话、巡查车及运维监管平台。配备全站仪、GPS 测量仪等地面塌陷地质灾害监测设备，监测频率为平均每月一次，当出现裂缝时进行加密监测。配备 JPS、RJP 等露天采场边坡稳定性监测设备，对地形地貌景观变化进行监测。开展保护区野生动物、森林病虫害调查，建立数据库，实现动植物标本数字化；建设野生动物栖息地，开展濒危野生动植物抢救性保护工作。

预期效益：全面提升贺兰山自然保护区巡查能力；通过自动化和信息化手段，开展保护区地质矿山环境监测及野生动植物的保护工作。

6.2　黄河流域生态保护与修复工程

针对黄河流域水环境存在的问题，计划开展 7 个重点工程，分别为沿黄生态廊道建设及环境提升重点工程、入黄排水沟综合整治重点工程、重点湖泊综合治理和生态恢复重点工程、农业面源污染综合治理重点工程、流域城乡污水综合整治重点工程、黄河湿地保护与修复重点工程、流域水质和生物多样性监测机制能力建设重点工程。图 6-3 为黄河流域生态保护与修复工程分布。

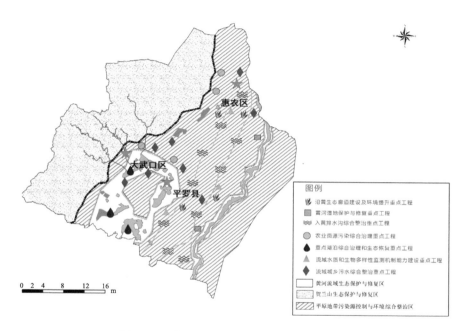

图 6-3 黄河流域生态保护与修复工程分布

6.2.1 主要问题

黄河是石嘴山市经济社会发展和生态环境保护的重要水源，且石嘴山市位于黄河中上游段，保护过境黄河流域水生态环境，对保障宁夏回族自治区乃至中下游黄河流域生态安全作用巨大。随着经济的高速发展，黄河污染治理的老问题尚未完全解决，新污染、新问题又在不断显现，目前，全区的水污染已由集中的工业点源污染逐渐变化为工业点源污染与农业面源污染和生活污染并重，并逐步呈现出污染结构多元化和污染因素的复杂化。生活污染的影响力逐步加大，农村环境保护和农业化肥、农药、畜禽粪便的污染防治，已成为自治区污染防治工作的新重点和新难点。具体问题表现在：

（1）黄河水土流失加剧，水蚀风蚀并存

石嘴山地区土层薄，植被差，地貌破碎，区域东部边缘台地、梁峁起伏，沟壑纵横，沟头侵蚀、水土流失严重。区域现有水土流失总面积为 2 223.64 km²，侵蚀模数 2 500 ～ 3 500 t/（km²·a）。水力侵蚀面积为 1 227.06 km²，占水土流失总面积的 55.2%。其中轻度侵蚀面积 1 114.34 km²，占水蚀总面积的 90.8%；中度侵蚀面积 112.72 km²。风力侵蚀面积 996.58 km²，占水土流失总面积的 44.8%。其中轻度侵蚀面积为 411.10 km²，占风力侵蚀总面积的 41.3%；中度侵蚀面积为 357.24 km²，占风力侵蚀总面积的 35.9%；强度侵蚀面积为 56.4 km²，占风力侵蚀总面积的 5.7%；极强度侵蚀面积为 171.84 km²，占风力侵蚀总面积的 17.2%。再加上黄河两岸植被覆盖度低，大风和降水直接作用于河岸，大量流失水土进入黄河，造成黄河水质下降，泥沙淤积。

（2）入黄排水沟水质较差

第三排水沟承担着银川市金凤区和贺兰县、石嘴山市平罗县和惠农区及国营农场 145 万亩农田的排水任务，贺兰山东麓山洪排泄任务和排域内部分城市生活污水和工业废水排水任务；第五排水沟承担着农田排水及平罗县和惠农区的生活污水。第三排水沟和第五排水沟是黄河的主要污染源，对黄河水质影响非常大。根据水质监测数据分析结果，2015—2017 年第三排水沟石嘴山段均为劣Ⅴ类重度污染水质，主要超标项目是氨氮、化学需氧量和总磷；第五排水沟石嘴山段 2015—2016 年均为劣Ⅴ类重度污染水质，主要超标项目是化学需氧量和氨氮，2017 年年均浓度达到地表水Ⅳ类标准；2015—2017 年第三排水沟、第五排水沟汇合入黄口监测断面均为劣Ⅴ类重度污染水质，主要超标项目是氨氮、化学需氧量。

（3）重点湖泊水环境和生态质量恶劣

沙湖和星海湖是黄河流域石嘴山市的重要湖泊湿地系统。沙湖为封闭式水体，蒸发量大，自净能力较差；由于是地质本底，氟化物浓度值偏高；加之主要补水水源为黄河水，因黄河泥沙含量较大，污染物随泥沙沉积于湖底，补水水源未经沉降处理，常年累积影响湖水水质。根据水质监测数据分析结果，沙湖 2015 年、2016 年均为劣Ⅴ类重度污染水质，2017 年为Ⅴ类中度污染水质，主要超标项目均为化学需氧量、总磷、氟化物和高锰酸盐指数。星海湖 2015—2017 年均为劣Ⅴ类重度污染水质，主要超标项目是化学需氧量、总磷、氟化物和高锰酸盐指数。石嘴山市的湖泊湿地分布不均，形成孤岛式生境的斑块，斑块之间连接度低，湿地内部生境的破碎化严重。

（4）流域农村面源污染严重

流域内畜禽养殖粪污、农田退水和降水径流中的化肥带来的面源污染是造成黄河水质污染的主要原因。畜禽养殖污染负荷的总排放量为 COD 1 864.26 t/a，TN 194.25 t/a，氨氮 110.28 t/a，TP 5.69 t/a，其中入河量为 COD 1 118.56 t/a，TN 116.55 t/a，氨氮 66.17 t/a，TP 3.41 t/a。禽畜养殖污染没有得到有效治理，大部分污染负荷直接进入了黄河。

一是在流域内还有很多达不到规模化建设要求的零散养殖户，畜禽养殖污水、粪便未采取任何处理措施直接排入自然环境中，最终随着地表径流流入黄河流域，对水质造成较大的污染；二是规模化的畜禽养殖场没有配套建设粪污处理设施，没有建设防雨、防渗、防漏堆粪场，导致畜禽粪便污水进入水体；三是畜禽养殖废弃物的资源化利用率低，导致大量污染物外排，对水体造成很大的负担。

（5）城乡工业和生活污水收集和处理能力不足

工业园区污水集中处理后排放，污染物排放量大，超过水体自净能力，水质相比入境断面大幅下降；流域内各污水处理厂的中水回用率普遍较低，导致废水外排放量大，给黄河水质改善带来难度；市区缺乏专门的雨水收集管网，雨水和污水一起进入污水处理厂，造成污水处理厂瞬间负荷增大，严重影响污水处理厂运行；由于城市扩张，污水收集管网不足，城镇污水无法进入污水处理厂进行处理达标排放，河道沿线居民向河道内直接排放生活污水，这些都会对水体及河道造成污染。此外，污泥是污水处理后的副产物，由于缺乏无害化污泥处理装置，现有污水处理厂的污泥处理工艺均为由离心脱水机进行脱水处理后输送到污泥厂外填埋堆砌，容易对周围环境造成二次污染。

（6）流域湿地生物多样性保护亟须加强

宁夏平原湿地是我国三大鸟类、世界八大鸟类迁徙的必经之地，是西北候鸟迁徙的重要栖息地和繁殖地。由于湿地的减少和污染的加剧，水生生物生境破坏严重，导致动物栖息地减少、觅食范围缩小，造成物种大量死亡，生物多样性锐减。因此，亟须通过系统性的保护修复，全面提升贺兰山生态系统以及湿地生态系统的质量和稳定性，构建完整的生物多样性保护网络，以维护我国西北生物基因库的安全。

6.2.2　重点工程

6.2.2.1　沿黄生态廊道建设及环境提升重点工程

（1）石嘴山市沿黄生态廊道建设工程

以水土保持为目标，以湿地保护与修复为主，沿滨河大道两侧营造 10 ～ 50 m 宽高标准防护林，营造生态缓冲带 1.6 万亩。其中，惠农区建设生态缓冲带 1 万亩、生态岸坡 26 km；平罗县建设生态护岸 34 km、生态缓冲带 0.6 万亩、河湖连通 30 km。

（2）艾依河生态廊道建设工程

实施河道治理、人工湿地建设及两岸绿化。工程中土方开挖 26.37 万 m^3，土方回填 15.05 万 m^3；使用格宾石笼护坡 7.55 万 m^3，土工格栅石笼基础 6.29 万 m^3，土工布（200 g/m^2 短丝针刺非织造）41.02 万 m^2；现浇 C20 混凝土 792 m^3，塑钢板桩（长 4.0 m、厚 8.0 mm）1.32 万 m，镀锌钢管（直径 100 mm，长 3.0 m）1.98 万 m，植草砖（300 mm×300 mm×80 mm）8.0 万 m^2，钢筋制作安装 107 t，MU30 浆砌石基础 4 489 m^3；河道清淤 34.18 万 m^3，砂石路面 30.4 万 m^2；种植土

填筑 10.95 万 m³，填筑面积 3 000 亩；栽植各类乔灌木 80.67 万株。沿黄生态廊道的建设对水土保持、水源涵养、湿地保护与修复起着重要作用。

预期效益：通过"黄河金岸"和"艾依河"两条生态廊道的建设，可大幅提高黄河流域石嘴山段的植被覆盖度，减少黄河水土流失，增强蓄洪能力，大幅改善黄河水质及周边生态环境。

6.2.2.2　入黄排水沟综合整治重点工程

（1）第三排水沟综合整治工程

在第三排水沟适宜地段建设人工湿地、生物前置塘、多级根孔湿地、复合生物膜、垂直流湿地，建设面积 1 578 亩；建设十一分沟人工湿地 180 亩。对沿途支沟进行清淤、砌护等生态治理，治理六分沟 1.02 km，治理十二分沟 4.3 km，治理十三分沟 4.5 km，治理第三排水沟及三二支沟 7.0 km。

（2）第五排水沟综合整治工程

通过对第五排水沟进行沟道清淤、岸坡综合整治、岸坡绿化及种植水生植物来提高沟内水体自净能力。对第五排水沟两侧沟坡进行整治，使外侧达到植树标准，单侧整治长度 19.7 km，两侧共整治 39.4 km；两侧沟堤各种植 2 排树木，树种选择国槐、杨树、柳树等品种，株距 3 m×3 m，总计 2.63 万株；对沟道水草每年清理两次。

（3）第四排水沟综合整治工程

通过建设围栏、铺设生产道路和种植水保生态植物等措施改善第四排水沟的水环境质量，包括新建围栏 3 km、生产道路 3 km；种植水保生态植物，如挺水植物芦苇、水葱、香蒲、黄菖蒲等，浮水植物睡莲、荷花等，湿生植物千屈菜、美人蕉、鸢尾等。

预期效益：通过对第三、第四和第五排水沟的集中整治，沿线城乡建设集污管网，沙湖流域、星海湖流域水环境的治理，完善经济开发区截污管道，提标改造污水处理设施等一系列措施，使沙湖、星海湖水质达到地表水III类，区域内所有入黄排水沟水质均达到地表水IV类标准，黄河干流稳定达到地表水III类以上，有效改善黄河水质。

6.2.2.3　重点湖泊综合治理和生态恢复重点工程

（1）沙湖与星海湖原有水系生态修复综合整治工程

沙湖与星海湖水系连通总长 16.2 km，其中，新开水系 6.2 km，利用原泄洪排涝沟道长 10 km。2016 年建设沙湖与星海湖水系连通工程，已完成新建连通水系 6.2 km，而 2008 年建成的 10 km 泄洪排涝沟道作为沙湖与星海湖的连通水道，宽度、深度、配套建筑物达不到两湖连通工程的设计高程和水位要求。为确保新建水系和原水系有效衔接，满足连通水体充分交换的设计高程和水位要求，须对原水道进行改造提升，增加水动力，达到水体流动和置换效果。该工程主要对原连通水系进行疏浚拓宽、岸坡治理、相应建筑物配套改造和水系两侧的生态修复，主要建设内容为疏浚拓宽水系 10 km，岸坡整治 9.65 km，改造配套建筑物 10 座，水系两侧生态修复面积 900 亩。结合沙湖与星海湖水系连通工程，在水系连通前端、中段、末端建设人工湿地，生态恢复面积达 2 000 亩左右，同时在适宜地带修复湖滨缓冲带和水陆交错带。此外，对北武当河生态整治一期剩余的 3.8 km 通过沟道疏浚清淤、种植绿化带及配套设施建设等措施，提高北武当河生态环境质量。

（2）沙湖与镇朔湖水系连通及人工湿地工程

该工程新建一条长度 7.34 km、设计流量为 10 m^3/s 的连通水系，连同建设配套水系构筑物，入三二支沟板涵一座，三二支沟加宽加高东堤 2 km，布设防汛抢险道路 16 km。由此将区域防洪能力提升至"200 年一遇"，同时大幅改善沙湖水质。

（3）星海湖生态修复与治理工程

该工程治理范围为星海湖南域、中域南区、北域、东域、西域、新月海。重点采取沿湖缓冲带（林草带）、岸线及岛上水陆交错带水生植物种植，湖底清淤及基质换填，生态潜岛及潜堤，太阳能增氧设施，护岸生态化改造工程措施，提升自然修复能力，改善水生态功能。主要建设缓冲带共 55.25 万 m^2，建设生态护岸林带 4.3 km，共 6.45 万 m^2，水生植物种植总面积为 16 万 m^2，清淤总面积为 1.722 km^2，建设生态岛 27 座（总面积为 7.5 万 m²），建设归韭沟生态公园 1 座。此外，通过修建和加固星海湖岸堤、底泥疏浚、扩充沟道等措施提高了星海湖泄洪能力。

预期效益：、沙湖—星海湖水体大循环体系，能够达到水体流动和置换要求，更好地发挥沙湖、星海湖连通改善水质的效果；也、是进一步优化水资源调配体系，改善区域水生态水环境，实现区域水资源的综合利用；也是解决石嘴山市水资源高效利用、生态修复、水环境治理和水安全的关键环节。

6.2.2.4 农业面源污染综合治理重点工程

（1）生态循环资源化利用工程

建设有机肥加工车间 2 栋，共 3 600 m²，发酵车间 3 栋，共 5 400 m²，肥料堆放区 2 栋，共 3 300 m²；建设收集池 500 m³，发酵池 10 000 m³；土方平整 12 500 m²；配套建设电力、绿化等基础设施；配套化验设备 2 套；引进有机肥生产线 5 条，每条生产线配置自动配料系统 5 套，另配翻堆机、立式粉碎机、筛分机等设备 75 台（套）；配套拖拉机、割草机、配肥机、牛粪抛洒车等机械 77 台（套）。

（2）粪污处理改造工程

按照农牧结合、种养平衡的原则，科学规划布局畜禽养殖品种、规模和总量。对石嘴山市 21 家奶牛规模养殖场和 5 家生猪规模养殖场配套建设污水处理设施，采用"沉淀＋水解酸化＋接触氧化法"污水处理工艺，建设沉淀池、中间池、调节池和配套污水处理设备，确保养殖场污水达标排放和有效利用。对石嘴山市 136 家规模养殖场配套建设雨污分流设施，采用严格的雨污分流排放系统，污水流入专用存储池，雨水可直排水沟或集水池，禁止圈舍外放养污染场地，栏舍内场地实行垫草或刨花铺垫且定期更换，禁止空栏用水冲洗，栏舍外设有专用排水沟。配套建设粪污处理设施，配备有固定的防雨、防渗、防漏粪便堆放场所 42 000 m²，并定期清运，配备污水／尿液存储罐 20 个，实行干清粪工艺，配备清粪车 140 辆、装载机 140 辆。

（3）化肥农药面源污染综合治理工程

以石嘴山市 19 个乡镇为实施主体，建设 19 个残膜及农药包装物回收站，实现残膜及农药包装物定点回收、集中规范化处置。开展秸秆综合利用项目，建设礼和乡、头闸镇、通伏乡 3 个农作物秸秆收储及初加工厂，实现农作物秸秆集中收储、加工；支持绿沃生物、广茂田等企业生产生物炭基肥、农家肥和颗粒饲料，每年可收储、加工秸秆 40 万 t，充分利用全市农作物秸秆资源。

预期效益：以"种养结合、区域循环、养分平衡"为出发点，有效推进"一控两减三基本"农业面源污染防治，形成适宜石嘴山市畜禽规模化养殖的生态循环农业典型模式。将有效改善乡村生产生活条件，为建设和谐生态人居环境、促进资源合理利用和可持续发展奠定基础。

6.2.2.5　流域城乡污水综合整治重点工程

（1）污水处理厂能力提升建设工程

在石嘴山市经济技术开发区（淄山工业园区）设计建设规模 2 万 m³/d 的污水处理厂；将石嘴山市生态经济开发区（循环经济产业园和医药产业园）工业废水集中处理设施规模扩建为 3 万 m³/d；在平罗县宁夏精细化工基地新建处理污水能力 4 000 t/d 的人工湿地系统 1 处，占地总面积 2 万 m²；建设礼和乡污水处理厂 1 座，设计能力 2 500 m³/d。

（2）集污管网建设及改造工程

该工程共建设排水管线 111.49 km（其中，改造排水管线 45.62 km，新建排水管线 65.87 km），包括大武口区城区改造排水管线 13.95 km，大武口区星海镇改造排水管线 3.42 km，大武口区高新区改造排水管线 2.98 km，惠农区城区改造排水管线 23.25 km，惠农区红果子镇改造排水管线 2.02 km；平罗县新建排水管线 12.6 km，大武口区高新区新建排水管线 25.08 km，惠农区城区新建排水管线 28.19 km；新建规模 0.5 万 m³/d、0.8 万 m³/d、2 万 m³/d、3.5 万 m³/d 的污水提升泵站各 1 座。

（3）污水处理厂污泥无害化处理工程

在大武口区建设污泥无害化处理厂 1 座，设计规模 120 t/d（含水率

80%污泥），处理工艺采用高温好氧发酵，具体建设内容包括污泥前处理系统、好氧发酵系统、供风系统、除臭系统、电气系统、辅料系统、成品堆置区及附属设施。其中建设浓缩池 4 座，硝化池 1 座，脱水池 4 座。

（4）雨污分流工程

在大武口区城区建设街、世纪大道、工人街、文明路、胜利街等主要道路，新建 DN600～2400 雨水管道 17 765 m；新建雨水泵站 1 座，配套建设泵站至氧化塘排水管。

（5）中水回用工程

该工程主要在第二污水处理厂、第四污水处理厂、第五污水处理厂、平罗县第一污水处理厂、平罗县第二污水处理厂、生态经济开发区循环示范产业园污水处理厂、生态经济开发区医药产业园污水处理厂等处建设中水回用工程。

预期效益：可大幅提高石嘴山地区工业废水处置能力，有效节约水资源，提高中水回用率，减少农业污染，开展污泥综合处置，改善生态环境，有利于黄河水质的显著改善。

6.2.2.6 黄河湿地保护与修复重点工程

（1）天河湾国家级湿地公园建设工程

平罗天河湾黄河国家湿地公园位于平罗县林业局黄河湿地保护林场，沿黄河呈带状分布，东至黄河西岸，西抵平罗滨河大道，南邻通伏乡兴林村，北接渠口乡银河三队。规划区东西宽 0.58～1.88 km，南北长 5.5 km，规划范围总面积为 688 hm²。规划建设主要分为七大工程，即湿地保护工程、湿地科普宣教工程、科研监测工程、合理利用工程、防御灾害工程、管理工程和基础设施工程。

（2）惠农区黄河湿地保护与修复工程

该工程主要开展湿地保护、湿地恢复及湿地能力建设，建设湿地保护管理点 3 处，并配备相关配套的保护、巡护设备；实施退田还湖 3 000 亩，封滩育林 31 500 亩，防洪堤人工造林 1 200 亩，陆生、水生植物人工辅助自然恢复 15 000 亩；建设科研中心 1 座，设立湿地水文、水质监测点和关键物种监测点各 1 个，并配备必要的监测设备等。

预期效益：整体提升黄河湿地石嘴山地区的生态修复与生态涵养功能，使得当地生物多样性退化得到遏制和保护。

6.2.2.7 流域水质和生物多样性监测机制能力建设重点工程

（1）流域水质与生物多样性监测系统建设工程

该工程在第三排水沟、第五排水沟、三二支沟沿线等交界断面建设水质自动监测站 11 个，对水质进行实时监测和预警，包括购买采水设备，预处理设备，配水设备，反冲洗设备以及数据采集、传输及控制软件等；构建排水沟水质恶化趋势预警模型与平台，实现对水质变化趋势的预测及风险预警；建设水环境预测预警系统，包括点源污染负荷预测模型、非点源污染负荷预测模型和水质恶化预警系统。

（2）建设生物多样性监测及信息系统

自动监测系统包括气象和水文监测、植被监测、野生动物在线监测等；生物多样性地理信息系统包括环境因子信息系统、生态系统信息系统、濒危物种信息系统、分类标本收藏信息系统和遗传资源信息系统等。

预期效益：建立多级水体综合保护管理体系，实施黄河流域水生态的综合保护和整治工程，提升水体质量，改善生态环境。

6.3 平原地带污染源控制与环境综合整治工程

针对石嘴山市中部平原地带存在的问题，计划开展 6 个重点工程，分别为盐碱地改良与农田生态功能提升重点工程、防风固沙重点工程、饮用水水源地保护重点工程、水土流失灾害治理重点工程、平原绿网及生态林带建设重点工程、平原地带生态保护能力建设重点工程。图 6-4 为平原地带污染源控制与环境综合整治工程分布。

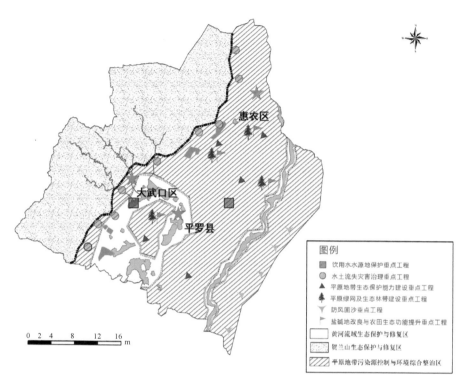

图 6-4　平原地带污染源控制与环境综合整治工程分布

6.3.1　主要问题

（1）土地利用率低，盐碱化严重

平原地区主要农用及建设用地均集中在石嘴山市中部。除农用地和建设用地外，其他类型土地占地面积大，土地开发利用难度高，土地利用率仅为47.2%，其中耕地质量总体不高，优质耕地少、中低产田多。平原地区处于宁夏引黄灌区末端，灌排困难，盐碱化较为严重（图6-5）。石嘴山市2015年土地利用现状变更调查数据显示，石嘴山市盐碱地共26 546.03 hm²，占所有土地面积的29.56%。

图 6-5　燕子墩乡盐碱地照片

（2）农业灌溉耗水量大，高效灌溉普及率不足

石嘴山市属于宁夏回族自治区的农业大市，灌溉方式以传统大水漫灌和沟灌等为主，农业灌溉用水量占其他用水总量的 88.35%。根据石嘴山市水务局提供的相关资料，2015 年石嘴山市每亩年均用水量为 859 m^3，仍高出黄河流域和全国其他地区的平均水平。微灌、喷灌和管道输水灌溉等高效灌溉模式覆盖面积仅占有效灌溉面积的 10%，远低于国家平均水平。

（3）植被立地条件差，覆盖率低，防风固沙源头功能较差

石嘴山市中部平原地区的东南部处于毛乌素沙漠边缘，干旱缺水，植物生存条件恶劣，森林覆盖率仅为 1.18%；西临贺兰山区域，土壤以沙土为主，土壤有机质含量低、含水量少，植物立地条件差，成活率低，森林覆盖率仅为 14.3%（图 6-6）。恶劣的自然因素导致本地边缘地带防风固沙能力较差，沙尘天气频发，仅 2016 年就发生 11 次，PM_{10} 质量浓度达 2 376 $\mu g/m^3$。受主风向——东风和西北风的影响，沙漠化范围易向下方地区扩散，严重的风沙还会对道路进行破坏（如 110 国道附近风沙严重，部分路段多次被砂石掩盖，严重影响交通安全）。

图 6-6 陶乐镇沙化土地

（4）部分饮用水水源地水质不达标，内部及周边安全隐患大

石嘴山市集中式饮用水水源地均处于中部平原地区，2016 年达标水源地 4 个，分别为第一饮用水水源地、第二饮用水水源地、第三饮用水水源地和第五饮用水水源地；不达标水源地为第四饮用水水源地，水质为 V 类。其中，石嘴山市第二、第三饮用水源地已列入国家重点饮用水源地名录。第二饮用水水源地内石嘴山监狱存在部分污水直排现象；第三饮用水水源地附近存在生产、生活活动，局部区域无围栏、防护网及防护林等防护措施（图 6-7）；此外，农村饮用水水源地附近农田覆盖面广，农药化肥施用不合理，导致氨氮及氟化物排放超标。

图 6-7 石嘴山市第三饮用水水源地附近区域

（5）水土流失严重

贺兰山山地坡度大，土层薄，植被差，地貌破碎，区域东部边缘台地、梁峁起伏，沟壑纵横；中部平原地区植被覆盖率低，土壤质地松软，易受风力或雨水影响，造成严重水土流失。石嘴山市水务局统计数据显示：石嘴山市因风力侵蚀与水力侵蚀而造成的水体流失面积约为 2 223.64 km²，占石嘴山市总面积的 41.8%。

6.3.2　重点工程

6.3.2.1　盐碱地改良与农田生态功能提升重点工程

（1）盐碱地土壤改良工程

完善沟系排水，降低地下水水位是改善盐碱地状况的主要措施。对于有排水条件的低盐碱度土壤采取种植黑枸杞、水稻、玉米、向日葵等植物进行改良；高盐碱度土壤进行冲洗脱盐，降低耕层土壤的含盐量，再种植黑枸杞、水稻、玉米、向日葵等植物进行改良。对于无排水条件的盐碱地采取物理、化学、生物措施相结合的治理方式，合理调整种植结构改良盐碱地。物理方式主要为压沙治盐、客土改良，就是将含盐量很高的表土清除，换入含盐量少或不含盐碱的肥土等措施；化学措施主要为石膏改良、腐殖酸类肥料改良、磷石膏改良、硫黄和黑矾改良、土壤增温抑制剂改良等；生物措施主要为增施有机肥料、种植绿肥、秸秆还田等。

大武口区盐碱化土地治理 5 万亩，惠农区盐碱化土地治理 20 万亩，平罗县盐碱化土地治理 30 万亩。黑果枸杞具有耐盐碱、耐旱、硒富集等特点，是开发利用低洼盐碱荒地，改善治理生态环境的优良作物。惠农区富硒枸杞盐碱地改良项目已初具成效。当地继续推进富硒枸杞种植项目，新栽植枸杞经济林 2 万亩，完成低产园改造 1 万亩。通过调减小麦面积，增加水稻、玉米、油葵、枸杞等耐盐碱作物面积，综合实施机深松、秸秆培肥改良、绿肥种植、增施有机肥、应用磷石膏及土壤调理剂、以渔治碱等农艺措施，共改造中低产田 56 万亩，减少盐碱地面积 40 万亩，调整种植结构 8 万亩，有效提升了石嘴山市耕地质量水平。

（2）石嘴山市土地生态功能提升工程

通过土地平整工程、农田道路工程、沟渠配套工程及农田防护与生态环境保持工程，对沟渠、田、林、路进行综合配套整治，达到田平路宽、灌水顺畅、林网成方、道路通畅的新格局，整治土地面积 9 562.68 hm²，新增耕地 1 295.46 hm²。

预期效益：提升耕地质量，使土壤有机质提升 5%，水资源利用效率提高 10%，中低产田面积减少 15 万亩，玉米、水稻、油葵、枸杞等农作物单产增加 10%，提高农业综合生产能力，促进粮食增产、农民增收和农业可持续发展。

6.3.2.2　防风固沙重点工程

毛乌素沙漠防风固沙生态屏障建设工程。在毛乌素沙漠与耕地过渡地带，采取人工造林的治理措施，建设乔灌木混交防风固沙林，乔木选用耐旱、耐盐碱的沙枣，灌木选用耐盐碱的红柳，混交方式为带状混交；偏远沙丘区播撒当地适生草籽种草固定沙丘，草种选用耐旱的沙蒿、沙蓬；丘间洼地区建设乔灌混交固沙生态林，种植方式为带状或片状种植，树种选用沙枣、红柳；此项工程共建造防风固沙林 3 万亩，灌草恢复 1 万亩，防风固沙 20 km。通过建设围栏、管护站点、界碑、警示牌等措施，结合林草封禁工程，继续巩固扩大沙漠土地封禁成果，包括建设围栏 35 km，管护站点 2 处，固定界碑 12 处，设立警示牌 5 个，林草封禁 1 万亩。

预期效益：有效阻止毛乌素沙漠的风沙侵袭，实现防风固沙的生态功能，保障中部平原地区农牧业的发展。

6.3.2.3　饮用水水源地保护重点工程

（1）石嘴山饮用水水源地保护工程

石嘴山市 6 个饮用水水源地实施清理河道底泥，阻断内源污染；河岸生态防护兼顾景观美化，种植适宜的水生、陆生植物，构成绿化隔离带，恢复河岸植被和河流泛滥带平原及湿地景观；逐步关停饮用水水源地内的水产养殖公司，停止鱼类养殖行为；将饮用水水源地内村民全部外迁，实现村民上楼，与水源无关的建筑全部拆除，拆除民房产生的建筑垃圾就地运走，根据现状增补林带。对第二饮用水水源地破损护栏、警示牌等防护设施进行修补，建设污水收集池，将石嘴山监狱污水集中收集后引出保护区外。在第三饮用水水源地以及保护区内建设污水收集池，将六分沟污水集中收集后引出保护区外；饮用水水源地内三合院村、乌兰村和西轴村建筑进行拆除、清理，拆除、清理总面积 0.68 km²，迁出农田 5.63 km²。

（2）水源地供水水质提升工程

提升饮用水水源地范围内水质，确保饮用水安全，加快供水管网建设与更新，实现水源地供水全覆盖。工程主要包括第二水厂、第五水厂及第三水厂 B 区水质提升工程，供水管网建设、农村饮用水水源地水质提升工程以及平罗县第三水厂建设。第二水厂提升工程主要包括建设净水间、中间水池、废水调节池各 1 座，实现每天 4.5 万 m³ 供水量的水质提升。第五水厂提升工程主要包括建设进水池、除氟车间、废水池各 1 座，旋流多相反应器 2 座，实现每天 3 万 m³ 供水量的水质提升。第三水厂 B 区水质提升工程主要包括建设过滤间、加药间、废水调节池各 1 座，实现每天 2 万 m³ 供水量的水质提升。供水管网建设与更新工程主要包括各水厂配套管网检查，老化供水管网更换，城乡接合部新管网建设，预计管网建设 5.4 km。农村饮用水水源地提升工程主要包括改造现有取水系统，安装水质净化装置等措施改善水质。平罗县第三水厂工程主要包括新建水厂 1 座，打机井 4 眼，铺设输水管道 43 km。通过以上工程的实施可以缓解大武口区、惠农区及平罗县的供水压力，提升水质。

预期效益：阻止饮用水水源地水质进一步内源污染和区域内水土流失，截至规划期末城市饮用水源地与农村饮用水源地水质达标率达到 100%。

6.3.2.4 水土流失灾害治理重点工程

贺兰山东麓沟道治理工程。通过修建导洪堤、潜水坝、清淤疏浚等工程措施与植树种草等生态恢复措施相结合，对贺兰山东麓沟道进行治理，共计疏浚河道 250 km，建设生态护岸 180 km、堤坝路 60 km，建设岸坡生态林带 60 km，修建导洪堤沟道 50 km，治理泄洪沟道 100 km、渠系 16 km。对大武口区辖区内的韭菜沟、归德沟、北武当、八分沟、十二分沟等 11 条沟道共 60.7 km 进行综合治理，砌筑建筑物 75 座；对三二支沟 13 km 沟道进行综合治理，砌筑建筑物 12 座，建设氧化塘 2 座。对贺兰山黑水沟及周边山洪沟道采取设防、护岸、疏浚等综合治理措施，基本消除标准洪水对现状周边保护对象的不利影响。惠农区柳条沟下段治理沟道 6.6 km；大峰沟生态修复综合整治工程治理沟道 2.5 km，新建挡砂库 1 座，挡砂堰 4 座，供水泵站 1 座，两岸生态修复面积 82.19 万 m^2。

预期效益：生态系统水土保持能力大幅提升，水土流失治理面积达 550 km^2，水土流失治理度达到 38% 以上。通过沟道整治改善石嘴山市防洪能力，石嘴山市大武口区防洪标准提高为"100 年一遇"，惠农区工业园区防洪标准提高为"50 年一遇"，惠农区、平罗县乡镇农田防洪标准提高为"20 年一遇"。

6.3.2.5 平原绿网及生态林带建设重点工程

工程重点推进农田防护林建设，以主干道路、乡村道路、干沟、干渠为重点，按照树随路栽、绿随沟建、林随田织的原则，建设大网格、宽林带、阡陌纵横的平原绿网。树种根据土地盐碱化程度进行选择，适宜树种有樟子松、新疆杨、柳树、沙枣、鲁桦 1 号、柽柳、紫穗槐等。建设内容包括拆除沿线建筑物、平整场地、拉运土方、铺设管道、栽植苗木并配套养护措施，建设提升农田防护林 5 万亩。

预期效益：不仅有效增加石嘴山市的绿地覆盖面积，美化石嘴山市的整体人居环境，也大大提升石嘴山市的生态品位和文化档次，树立良好的城乡一体化形象；而且对于增加城区周边生态承载力，提升区域综合竞争力，加快城市生态转型进程，促进石嘴山市经济社会的可持续发展意义重大。

6.3.2.6   平原地带生态保护能力建设重点工程

土壤环境状况基础调查项目。开展农用地土壤污染状况调查和耕地土壤与农产品污染协同监测评价，摸清石嘴山市土壤污染类型、分布、范围、程度，以及污染物的种类、来源。在耕地土壤污染详查和农产品污染协同监测基础上，按照"集中连片、动态调整、总量不减"的原则，以区为基础单元，将农用地划为 3 个类别：未污染和轻微污染的划为优先保护类，轻度和中度污染的划为安全利用类，重度污染的划为严格管控类，建立耕地土壤质量分类清单，实施分类管理。该项目于 2021 年年底前完成划定工作。

预期效益：土壤污染状况调查能力大幅提升，对于精准开展土壤污染治理具有积极意义。

表 6-1　石嘴山市山水林田湖草生态保护与修复区工程一览

编号	工程类型	重点工程	建设地点	建设内容
1	贺兰山生态保护与修复工程	贺兰山自然保护区矿山生态环境综合治理重点工程	贺兰山自然保护区及外延2 km范围	继续加大贺兰山清理整顿力度，对保护区及保护区外2 km范围内对山开采企业和生态环境的38家露天煤矿、砂石开采企业关停取缔，进行清理整治。其中对严重破坏山体和生态环境的其他人类活动点进行清理整治。对9处无主渣堆、4处生态治理点进行坡面平台整治，实施渣堆覆土、平整场地、恢复植被，进行环境整治，自然和人工修复林草植被4.7万亩，整治面积3万亩，共清理整治企业78家，石炭井东侧、石炭井、季家沟302省道两侧，正义关矿山，惠农区火车站南，石炭井西侧，河沟、大武口沟、鬼头沟、汝箕沟两侧，汝箕沟口南侧，落石滩，柳条沟，道路沟，小风沟等17处矿山地质环境恢复治理项目，治理面积为3 530.68 hm²，治理盗采点274处
2		贺兰山东麓生态修复重点工程	大武口区、惠农区、平罗县辖区内沿110国道、301国道、302省道两侧	按照"宜封则封、宜林则林、宜农则农"原则，造以110国道、301、302省道为轴线的贺兰山东麓基础绿化带不少于40 m，国道西侧200～500 m沿山绿道，建设防风固沙林，水源涵养林。打造基础绿化带，美化道路两侧和沿线产业园区。拆除沿线建筑物、平整场地、铺设管网，拉运土方，栽植苗木，朴植补造并配套养护措施；完成封山育林、营造林和退化林改造5万亩，改造泵站5座，铺设管线40 km，小管出流157万m²，建筑物300座，清运土方4.4万m³，回填土方18.8万m³
3		矿山地质环境监测与体制能力建设重点工程	石嘴山市各城区	建设贺兰山 TD-LTE 矿山巡查系统，建设塔基60座；配备高清监控及配套无人机，手持电话、巡查车及运维管控平台。配备全站仪，GPS测量仪等测绘设备，监测频率为平均每月一次，当出现裂缝时进行加密监测。配备保护区野生动物，森林病虫害调查，建立数据库实现动植物标本数字化；开展保护区野生动物，对地形地貌景观变化进行监测。配备JPS、RJP等露天采矿边坡稳定性检测设备，对地形地貌景观实现数字化；开展濒危野生动植物抢救性保护工作

编号	工程类型	重点工程	建设地点	建设内容
4		沿黄生态廊道建设及环境提升重点工程	惠农区、平罗县、滨河大道两侧、平罗县第三排水沟与第五排水沟两侧	沿黄生态廊道建设工程：以水土保持为目标，以湿地保护与修复为主，沿黄生态廊道全长98 km，沿滨河大道两侧营造10～50 m宽高标准防护林，营造生态缓冲带1.6万亩。其中，惠农区建设生态缓冲带1万亩，河湖连通30 km，生态岸坡26 km；平罗县建设生态护岸34 km，生态缓冲带0.6万亩。艾依河生态廊道建设工程：以水土保持为目标，以湿地保护与修复为主，沿黄生态廊道全长98 km，沿黄河大道两侧营造10～50 m宽生态缓冲带1万亩，沿黄河大道两侧营造防护林，营造生态缓冲带1.6万亩。其中，惠农区建设生态缓冲带0.6万亩，河湖连通30 km，生态岸坡26 km；平罗县建设生态护岸34 km，河湖连通30 km，实施湿地保护与修复
5	黄河流域生态保护与修复工程	入黄排水沟综合整治重点工程	第三、第四、第五排水沟	第三排水沟综合整治工程：在第三排水沟适宜地段建设人工湿地，建设生物前置塘，多级根孔湿地，复合生物膜，垂直流湿地，占地面积1578亩。对沿堤支沟进行清淤，砌护等生态治理，治理六分沟段1.02 km，治理十二分沟4.3 km。治理十三分沟4.5 km，治理第三支沟及三二支沟7.0 km。第四排水沟综合整治工程：通过建设围栏，生产道路新建围栏3 km，铺设生产道路3 km；种植新建水生态保生态植物等措施改善第四排水沟的水环境质量。包括新建围栏、水生植物，如挺水植物芦苇、水葱、香蒲、黄菖蒲等，浮水植物睡莲、荷花等，湿生植物千屈菜、美人蕉、鸢尾等。第五排水沟综合整治工程：对第五排水沟水体自净能力，岸坡绿化及岸坡综合整治，对第五排水沟进行沟道清淤，外侧达到植树标准，树种选择国槐、杨树、柳树等品种，单侧整治沟内沟道长度19.7 km，两侧排水沟两侧绿坡进行整治，两侧沟堤各种植2排树木，株距3 m，总计2.63万株；对沟道水草每年清理2次

编号	工程类型	重点工程	建设地点	建设内容
6	黄河流域生态保护与修复工程	重点湖泊综合治理和生态恢复重点工程	沙湖、星海湖、镇朔湖	沙湖与星海湖原有水系生态修复综合整治项目工程：沙湖与星海湖水系连通总长16.2 km，其中，新开水系6.2 km。2016年建设沙湖与星海湖水系连通工程，已完成原泄洪排涝沟道长10 km。利用原泄洪排涝沟道长星海湖水系连通工程，已完成新建连通水系6.2 km，为确保新建水系和原水系有效衔接，满足新建水体无分交换的设计高程和水位要求，须对原水道进行改造提升，增加水动力，达到水体流动和水系连通行容为疏浚拓宽，岸坡治理，相应建筑物配套改造和置换等。该工程主要对疏浚拓宽、水系10 km，岸坡整治9.65 km，配套建筑物10座，岸坡整治9.65 km。主要建设内容为疏浚拓宽、结合沙湖与星海湖水系连通工程，在水系连通前端、中段、末端建设人工湿地、生态恢复面积2 000亩左右，同时在适合湿地带生态修复，对北武当态恢复面积2 000亩左右，同时在适合湿地带生态修复，提高北武当生态环境河一期剩余3.8 km通过清淤疏浚，建设绿化带及配套设施，提高北武当生态环境质量。 沙湖与镇朔湖水系连通及人工湿地工程：新建一条长度7.34 km，设计流量为10 m³/s的连通水系，同时建设配套水系构筑物，入二三支沟板涵一座，三三支沟加宽加高东堤2 km，布设防汛抢险道路16 km，将区域防洪能力提升至"200年一遇"，同时大幅改善沙湖水质。 星海湖生态修复与治理工程：重点采取沿湖绿化错带（林草带）、岸线及岛上水陆交错带水生植物栽植，湖底清淤疏浚及基质换填，生态潜岛及潜堤、太阳能增氧设施，护岸生态化改造工程措施，提升自然修复能力，改善水生态功能。建设缓冲带共55.25万m³，建设生态护岸林带4.3 km，共6.45万m²；水生植物种植总面积16万m²，清淤总面积1.722 km²，建设生态岛27座（总面积为7.5万m²），归圭沟公园1座。此外，通过底泥疏浚等措施提高星海湖泄洪能力修建和加固星海湖岸堤，通过

编号	工程类型	重点工程	建设地点	建设内容
7	黄河流域生态保护与修复工程	农业面源污染综合治理重点工程	大武口区、惠农区、平罗县	生态循环资源化利用工程：建设有机肥加工车间 2 栋 3 600 m²，发酵车间 3 栋 5 400 m²，肥料堆放区 2 栋 3 300 m²，收集池 500 m²，建设发酵池 10 000 m³，土方平整 12 500 m²；配套基础设施，绿化等基础建设电力，配套化验设备 2 套；引进有机肥生产线 5 条，每条生产线配置自动配料系统 5 套，另配翻堆机、立式粉碎机、筛分机等设备 75 台（套）；配套拖拉机、割草机、配肥机、牛粪抛洒车等机械 77 台（套）。粪污处理改造工程：对石嘴山市 21 家奶牛规模养殖场和 5 家生猪规模养殖场配套建设污水处理设施，采用"沉淀＋水解酸化＋接触氧化法"污水处理工艺，建设沉淀池、中间池、调节池和配套污水处理设备，确保养殖场污水达标排放和有效利用。对石嘴山市 136 家规模养殖场建设雨污分流或集水沟或贮集水池，禁止空栏用水冲洗，栏舍外放养污染场地、栏含外设有专用排水沟，采用严格的雨污分流设施，雨水可直排水沟或或更换、防渗、防漏堆堆场所 42 000 m²，内场地实行垫草或刮粪处理设施，配备有固定的防雨、防渗、防漏液存储罐 20 个，实行干清粪工艺，配备清粪车 140 辆，污水流入专用存储池，配套建设粪污处理、配套污水/尿液存储罐，每年清粪工艺，装载机 140 辆。 化肥农药面源污染综合治理工程：以石嘴山市 19 个乡镇为实施主体，建设 19 个残膜及农药包装废农药及农包装膜废物定点回收，集中规范化处置。开展秸秆综合利用项目，建设礼和乡、头闸镇，通伏乡 3 个农作物秸秆收储及刮加工厂，实现农作物秸秆集中收储、加工，支持绿沃生物，广茂田等企业生产生物炭基肥、农家肥和颗粒饲料，加工秸秆 40 万 t，充分利用全市农作物秸秆资源

编号	工程类型	重点工程	建设地点	建设内容
8	黄河流域生态保护与修复工程	流域城乡污水综合整治重点工程	大武口区、惠农区、平罗县	污水处理厂能力提升建设工程：在石嘴山经济技术开发区（循环经济产业园）设计规模 2.0 万 m³/d 的污水处理厂；在石嘴山工业园区（淄山工业园区）设计规模 2.0 万 m³/d 的污水处理厂；在石嘴山生态经济开发区（循环经济产业园和医药产业园）扩建处理能力为 3 万 m³/d 的工业废水集中处理设施；在平罗县宁夏精细化工基地新建处理能力 4 000 t/d 污水的人工湿地系统 1 处，占地总面积 2 万 m²；建设礼和乡污水处理厂 1 座，设计处理能力 2 500 m³/d。 集污管网建设改造工程：该项目共建设排水管线 111.49 km，其中改造排水管线 45.62 km，新建排水管线 65.87 km。 污泥无害化处理工程：在大武口区建设污泥无害化处理厂 1 座，设计规模 120 t/d（含水率为 80% 污泥），处理工艺采用高温好氧发酵，具体建设内容包括发酵系统、除臭系统、辅料系统、电气系统、成品堆置区及附属设施。好氧发酵系统、供风系统、除臭系统、硝化池 1 座，脱水池 1 座，辅料系统、成品堆置区及附属设施。其中建设浓缩池 4 座，硝化池 1 座，脱水池 1 座，配套建设泵站。 雨污分流工程：在大武口区城区建设街、世纪大道、工人街、文明路、胜利街等主要道路，新建 DN600 ~ 2 400 雨水管道 17 765 m；新建雨水泵站 1 座，配套建设泵站至雨化塘排水管。 中水回用工程：该项目主要在第一污水处理厂、第四污水处理厂、第五污水处理厂，平罗县第一污水处理厂、平罗县第二污水处理厂，生态经济开发区循环经济示范产业园污水处理、生态经济开发区医药产业园污水处理等处建设中水回用工程。
9		黄河湿地保护与修复重点工程	惠农区、平罗县	天河湾国家级湿地公园建设工程：主要建设七大工程，即湿地保护工程、湿地科普宣教工程、科研监测工程、合理利用工程、防御灾害工程、管理工程和基础设施工程。惠农区黄河湿地保护与修复工程：工程主要开展湿地保护、湿地恢复以及湿地能力建设、黄河湿地保护护岸管理点 3 处，并配备相关配套的保护、巡护设备；实施退田还湖 3 000 亩，封滩育林 31 500 亩，水生植物人工辅助自然恢复 15 000 亩，防洪堤人工造林 1 200 亩、陆生、水生植物点和关键物种种植，设立湿地水文、水质监测站 1 座，建设科研中心 1 个，并配备必要的监测设备等监测点各 1 个

编号	工程类型	重点工程	建设地点	建设内容
10	黄河流域生态保护与修复工程	流域水质与生物多样性监测机制能力建设重点工程	大武口区、惠农区、平罗县	流域水质与生物多样性监测系统建设工程：在第三排水沟、第五排水沟、三二支沟沿线等交界断面建设水质自动监测站11个，对水质进行实时监测和预警，包括购买采水设备、预处理设备、配水设备、反冲洗设备以及数据采集、传输及控制软件；构建排水沟水质恶化趋势预测模型与平台，实现对水质变化趋势的预测预警及风险预控等；建设水环境预测预警系统包括污染负荷预测模型、非点源污染负荷预测模型和水质恶化预警系统。建设生物多样性监测及信息系统：自动监测系统包括气象和水文监测、植被监测、野生动物在线监测等。生物多样性信息系统包括环境因子信息系统、生态系统信息系统、濒危物种信息系统，分类标本收藏信息系统和遗传资源信息系统等
11	平原地带污染源控制与环境综合整治工程	盐碱地改良与农田生态功能提升重点工程	大武口区、惠农区、平罗县	石嘴山市土地生态功能提升工程：通过土地平整工程、农田道路工程、沟渠配套工程及农田防护与生态环境保持工程，对沟渠、田、林，整治行综合配套整治，达到田平路宽、灌水顺畅、林网成方、道路通畅的新格局，整治土地面积9 562.68 hm²，新增耕地1 295.46 hm²。石嘴山市盐碱地改良工程：调减小麦面积，增加水稻、枸杞等耐盐碱作物面积，综合实施机械深松、秸秆培肥改良、绿肥种植、应用磷石膏及土壤调理剂，以渔治碱等农艺措施，改造中低产田56万亩、盐碱地面积减少40万亩，调整种植结构8万亩，提升石嘴山市耕地质量水平
12		防风固沙重点工程	平罗县	建设毛乌素沙防风固沙生态屏障，共建造防风沙20 km。通过建设围栏、界碑、管护站点、警示牌等措施，管护站点2处，包括建设围栏35 km，结合林草封禁工程，继续巩固扩大沙漠土地封禁成果，林草封禁1万亩、警示牌12处，设立警示牌5个，灌草恢复1万亩、灌木固沙林3万亩，固定界碑1万亩

编号	工程类型	重点工程	建设地点	建设内容
13	平原地带污染源控制与环境综合整治工程	饮用水水源地保护重点工程	大武口区、惠农区、平罗县	石嘴山饮用水水源地保护工程：主要实施内容为清理河道内源污染，阻断内源污染，清理河道底泥，河岸生态防护兼顾景观美化，种植适宜的水生、陆生植物，构成绿化隔离带，恢复河岸植被和河流泛滥带，平原及湿地景观；停止鱼类养殖行为；计划将饮用水水源地保护区范围内的两个村的村民全部外迁，实现民居上楼，与水源有关的建筑公司，拆除民房内产生的建筑垃圾就地运走，根据现状将增补林带。饮用水水源地供水水质提升工程：第二水厂建设净水间，中间水池，废水调节池各1座，旋流多相反应器1座；第三水厂B区建设进水池，加药间，废水调节池各1座，废水净化装置2座，供水管网建设5.4 km；现有饮用水水源地取水系统进行改造，安装水质净化装置；平罗县第三水厂建设主要包括新建水厂1座，打机井4眼，铺设输水管道43 km
14		水土流失灾害治理重点工程	大武口区、惠农区、平罗县	共计疏浚河道250 km，修复生态护岸50 km，建设生态林带60 km，修建导洪堤50 km，治理泄洪沟道100 km，渠系16 km。对大武口区错区内的韭菜沟、归德沟、北武当、八分沟、十二分沟等11条沟道进行综合治理，共60.7 km进行综合治理，建设氧化塘2座，砌筑建筑物75座。对贺兰山黑水沟及周边山洪及周边现状行洪沟道采取综合治理措施，基本消除洪水对现状行洪及周边保护对象的不利影响。大峰沟生态修复综合整治工程治理面积82.19万 m²，两岸生态修复沟道2.5 km，惠农区柳条沟下段治理沟道6.6 km；供水泵站1座，大峰沟生态修复1座，新建拦砂库1座，挡砂堰4座，供水管道1座，铺设输水管道43 km
15		平原绿网及生态林带建设重点工程	大武口区、惠农区、平罗县	生态林带建设工程：按照树随路栽，绿随沟建，林随田织的原则，建设水保林3万亩，水源涵养林1万亩，林草改良4万亩，提高水土保持能力。基本农田防护林建设工程：通过拆除沿线建筑物，平整土地，种植樟子松、新疆杨、国槐、河北杨等植物及配套养护措施，共建设农田防护林5万亩
16		平原地带生态保护能力建设重点工程	大武口区、惠农区、平罗县	对石嘴山市土壤环境现状进行调查和评估，划分土壤环境质量等级，建立土壤环境质量信息管理系统

效益分析

7

7.1　生态效益分析

石嘴山市山水林田湖草生态保护与修复工作，将有效保护贺兰山、黄河流域及周边平原地区的生态环境，在遏制水土流失、修复损毁土地、减少减轻自然灾害等方面取得了比较显著的生态效益，有效改善了该区域的生态环境，维护生态屏障功能，保障国家生态安全。

7.1.1　对区域和国家的生态安全保障功能显著提升

一是保障我国和西部地区生态安全，构建国家生态安全格局。

二是改善石嘴山市区域生态环境。

三是珍稀和濒危物种得到有效保护。

7.1.2　区域生态环境质量显著改善

（1）山脉保障得以恢复，并生灾害减少

通过开展贺兰山生态保护与修复，可以有效改善和恢复矿区地质环境，减少地质隐患，区域环境风险得到有效控制。

（2）水资源保障能力加强，自然灾害危害降低

通过保护与改善黄河流域生态，可以减少人为活动对水源保护区的干扰，降低周边污染负荷对饮用水水源地水质的影响，提高水资源保障能力和水灾应对能力，确保流域内居民饮水安全。

（3）生态环境得到有效治理

通过平原地区污染源控制及环境综合整治、生态保护与修复的实施，区域土壤理化性质得到改善，涵养水源、保持水土的功能显著提升，生物多样性也得到有效保护，区域生态环境明显改善，生态源头状况得以稳定，农村面源污染也得到控制。

7.2　经济效益分析

通过石嘴山市山水林田湖草生态保护与修复工作的开展，将显著提升石嘴山市资源环境对产业发展和人口的承载力，推动区域内优化农业结构，提高农业产值和生态旅游收入，推进宁蒙陕甘区域经济与社会协同可持续绿色发展。

7.2.1　直接经济效益

通过贺兰山生态保护与修复、黄河流域生态保护与修复、平原地区污染源控制与环境综合整治的实施，石嘴山市的生态环境质量明显改善，实现农田生态功能提升。通过破碎地块集中成片治理，农田生产力显著提高，并起到推动农业经济发展，拉动 GDP 增长的作用，其中改造中低产田 21.1 万亩，治理 50 万亩盐碱地，农田灌溉水有效利用系数达到 0.55 以上。同时通过加强农业标准化建设，完善农业生产标准体系，积极推进农业产业转型升级，大力发展生态农业，农业总产值达到 59 亿元，年均增长 4.5%。

7.2.2　间接经济效益

通过山水林田湖草生态保护与修复的实施，区域水土资源得到有效利用，不但能为当地粮食安全问题的解决和农村经济的发展提供大量有用的土地储备资源，而且可为县域经济快速、持续、健康、稳定发展夯实基础，注入新的活力；土地资源利用率、土地产出率、劳动生产率均大幅提高，推进当地绿色产业开发，有效地促进农业产业结构的调整和农村产业链的升级，带动农村经济发展。按照相关城市生态保护修复工程投资对 GDP 增长（2016 年石嘴山市的 GDP 为 513.37 亿元）的拉动率为 3% 计算，3～5 年内可实现间接经济效益 190 亿元以上。生态保护修复也是缩小城乡差距、促进新型城镇化、推动实现社会经济可持续发展的重要手段，同时，在宁、蒙、陕、甘交接地带开展生态保护修复，还将带动宁、蒙、陕、甘四地的经济要素流动，实现新的经济增长点。

7.3　社会效益分析

研究区域生态保护修复对增加人民群众受益和获得感，改善群众素质、增强社会和谐、提高全社会对生态文明重要性的认知度，都具有突出的效益。

7.3.1　树立生态文明立市示范样板

（1）构建起绿色行政体系

通过立法推进生态文明建设法制化进程，为区域生态文明建设提供有力的法规依据；健全自然资源资产产权制度，强化自然资源管控力度；建立生态文明考评机制，健全生态保护补偿机制、政绩考核制度。

（2）构建起资源管控机制

完善土地利用长效管理和监测预警机制，实现土地监管动态化、执法机动化，实行资源有偿使用制度和环境损害赔偿制度，加大土地利用违法成本，建立健全能源、水、土地节约集约使用制度，牢固树立绿色、低碳发展理念。健全自然资源资产管理体制、自然资源监管体制、污染物排放总量控制制度、环境标准体系。积极探索建立有利于促进绿色低碳循环发展的经济体系。

（3）完善公众参与机制

一是拓宽和畅通公众参与的渠道，建立重大生态建设项目听证会制度，形成良性的社会治理机制；二是引导非政府环保组织健康发展，促进社会组织和公众参与生态环境保护；三是强化企业社会责任的政策法规，引导企业积极履行社会责任，使企业履行社会责任经常化、长效化。

7.3.2　加快全面建成小康社会的步伐

生态保护与修复的实施将带动实现农业产业结构的优化调整，加快当地群众脱贫致富，促进经济繁荣和社会和谐，全面转型建设小康社会的步伐明显加快。通过粮食单产提高，林地、果园、草场面积增加，带动林果业、畜牧业、农副产品商贸流通业等相关产业的发展，促进就业和劳动收入的提高，维护社会安定。工作开展后，区域内城镇居民人均可支配收入达到 35 000 元，年均增长 7.5% 以上；农村居民人均可支配收入达到 16 500 元，年均增长 8.5% 以上。

7.3.3　生态意识显著增强，生态文明观念深入人心

在重点工程实施过程中，政府和群众对矿山修复、环境保护的重要性和价值有了更充分的认识。逐步树立生态价值意识，形成对自然生态敬畏的价值理念；树立生态责任和生态道德意识，将区域生态环境保护视为己任；树立生态知识的学习教育意识，更多了解和掌握生态治理与保护的基本常识和理念；树立绿色消费意识，自觉重视西北地区生态脆弱区的环境承载力，节约资源、绿色消费意识普遍增强，实现人与自然和谐发展，形成全社会动员，共治、共管、共享的高原生态文明新格局。

创新体制机制建设

生态保护与修复是一项长期而复杂的系统工程，需要国家、宁夏回族自治区及石嘴山市、县（区）等各级政府不断加强管理，把生态保护与修复摆上更加重要的议事日程，创新体制机制，制定出台有利于生态保护修复工程实施的各项制度政策。石嘴山市贯彻落实中共中央办公厅、国务院办公厅印发的《关于设立统一规范的国家生态文明试验区的意见》要求，借助研究区域是国家西部地区重要生态屏障的重要机遇，以开展山水林田湖草生态保护修复研究为契机，深入探索有利于生态系统保护的体制机制。

8.1　建立三级联动组织机制

自治区党委、政府高度重视贺兰山生态保护修复工作，建立宁夏回族自治区、石嘴山市和县（区）三级联动管理协调体系。石嘴山市成立以市长为组长、常务副市长为副组长，财政、自然资源、生态环境等部门和县（区）政府主要领导为成员的领导小组，在市财政局下设办公室。领导小组负责召开领导小组成员会议，听取成员单位关于山水林田湖草生态修复工作进展的情况汇报，统筹规划山水林田湖草生态修复工作，协调、解决、研究重大问题。领导小组办公室负责国家山水林田湖草生态保护修复工作综合协调、督促落实。石嘴山市发展改革委负责项目筛选、汇总工作；市规划局负责提供总体规划；市财政局负责对接、联系、协调财政部、自治区财政厅相关政策、信息及方案申报等事宜；市生态环境局负责水资源利用与水生态环境改善项目的编制；市自然资源局负责土地整理及矿山综合治理项目的编制；市园林局负责林业生态保护建设项目的编制；市水务局负责河道治理、湖泊湿地保护与治理项目的编制；市农牧局负责农田生态保护项目的编制；市住建局负责城市"双修"项目的编制；县（区）政府成立相应机构，对本行政区域内的生态修复工作负总责，并根据市领导小组的工作部署、目标任务，制定具体实施方案。

8.2　建立责任分工奖惩机制

各级领导小组及办公室确保项目在"统一规划设计、统一招标、统一管理、统一验收"的原则下组织实施。实行项目建设责任制，项目建设任务落实到具体责任单位、具体责任人和具体时间，实行"一个项目，一个责任单位，一套班子，一个领导，一抓到底"。逐级定期对工作进行考评，形成分工负责、协调配合、共同推进的机制。

（1）建立项目月报、年报制度

各级领导小组及办公室加强项目进度监控，安排专人做好项目月、年度汇报工作。强化监督职能，石嘴山市、县（区）两级领导小组办公室抓好项目的跟踪监督和督导督查工作，采取"跟踪调研""跟踪检查""跟踪督办"等形式，定期开展督导、督查工作。

（2）建立奖惩机制

对项目建设任务完成好的县（区）和部门，在市级政策上给予适度倾斜；对重点工程项目，在配套资金、审核审批、投融资等方面优先安排和支持；对任务完成不好的县（区）和部门要通报批评，责令改正，如果改进不力，将采取减少转移支付资金额度、项目数量、市级配套资金额度等措施令其加强整改。

8.3　建立规划保障机制

山水林田湖草生态保护修复涉及自然资源、生态环境、农业农村、水利、林业和草原等部门和土地、农田水利、林业、矿山、地质、环境、生态、移民等多个学科，项目涵盖领域广、专业多，相关内容烦杂、专业要求高，没有成熟的模式和经验可复制，不同的地域特征需要因地制宜开展设计，其复杂性和艰巨性十分突出。对区域内开展的工程，通过工程布局、工程内容、工程量进行深度、精细论证，以最小的投入、最好的效果科学编制前期规划、设计；通过将总体目标、各项指标分解转化为具体片区、具体单元、具体项目的分项建设指标，使控制指标和绩效考核目标细化、分解、落实；并组织各权威专家论证、评审，为政府管理和考核提供依据，保障示范工程有序开展。

相关县（区）、部门结合地域特征及研究中提出的生态功能定位，组织编制控制性详细规划，报上级部门备案。根据批准后的控制性详规，项目单位聘请具有资质要求的设计单位，编制初步设计和单项工程施工图设计，按工程年度计划予以实施。县（区）级领导小组及办公室作为各项工程实施的基层单位，将统筹安排好本行政区域内的建设项目，重点做好项目统一招投标的管理、预算和变更的监督，统一组织项目招投标活动，并对全过程进行监管，包括招标方案、招标文件内容、工程图纸、招标预算、招标程序、合同签订等；对应招标未招标、串标等违法违规行为进行严肃查处，并追究相关人员责任；对工程实施过程中变更实行审批制和备案制，所有变更应明确变更原因、变更金额，并将责任落实到单位和个人。

8.4　建立动态监管机制

（1）健全项目管理制度

研究制定《石嘴山市山水林田湖草生态保护修复项目管理办法》，完善工程前期、实施、验收和检查、监督、评估、资金管理、审计等阶段管理措施；建立信息公开制度，项目的有关标准、项目建设信息、审批程序等通过网站、政务公开栏等向社会公开，接受监督；研究制定《石嘴山市山水林田湖草生态保护修复资金管理办法》，明确专项资金使用原则，资金下达方式和额度，以及资金管理要求，对专项资金实行专账管理，明确对专项资金监督检查内容和方式；研究制定《石嘴山市山水林田湖草生态保护修复资金绩效管理办法》，建立绩效考核评价体系，每年对相关县（区）、部门进行绩效考核，对项目实施中发现的重大问题和各种违法违纪现象，及时联合有关部门给予严肃查处；建立责任追究制度，落实项目法人终身责任追究制和项目质量终身责任制，对弄虚作假、情节严重的收回财政专项资金，并依法严肃查处。

（2）加强动态监督和绩效考核

石嘴山市、县（区）两级领导小组办公室对项目实行动态管理，建立项目进度启动预警制度，建立约谈、通报制度，多管齐下促进项目按计划落实。实施"一线工作法"，深入重点项目现场督促检查工程进展，协调解决存在的问题；规范管理制度，下发工作任务书、督办通知书、预警通知书，推进项目顺利开展。制定项目绩效考核管理办法，市级领导小组办公室组织相关部门、专家对县（区）、部门进行考核，对绩效考核成绩为优秀的，给予表扬并继续给予财政资金拨付；对绩效考核成绩合格的，继续给予资金拨付；对绩效考核成绩不合格的，提出批评并责令整改，暂停资金拨付。

（3）建立完善资料档案管理制度

建立完善的项目资料档案和预算执行情况数据库，加强项目资金管理。各级领导小组办公室要建立全过程的项目档案，包括项目前期手续、招投标文件、规划设计资料、各类合同、验收材料、政策文件、相关政府文件和相关会议记录，以及项目实施前后声像图片资料收集等档案材料，并安排专人管理。对年初部门预算安排和上级下达的项目支出情况进行更新完善，及时了解掌握项目资金到位、使用和工程建设进度情况，加强对资金的监督与检查，确保财政资金使用的规范、安全和有效。建立协同工作业绩档案以及项目建设诚信档案，将协同单位以及项目业主单位落实推进工作优劣全部记录在案，提交绩效管理部门作为年终考核评先的重要依据。

（4）强化项目验收与经验总结

项目完成后，项目单位组织设计、施工、监理、检测等相关单位对工程进行自检。自检合格后，项目单位向主管市县领导小组办公室提出初步验收申请，并委托具备相应资质的单位对治理工程进行初步验收。初步验收结论为合格的，项目单位应向各自市级领导小组办公室等管理单位提交竣工验收申请书和初步验收报告，管理单位应当组织相关管理部门人员和专家对初步验收报告进行评审，并形成最终验收结论。最终验收结论向上级部门报批。定期召开专家组会议，总结勘察、设计、施工过程中存在的问题和经验，不断优化技术方案，确保工程质量和目标符合要求。

8.5 建立资金筹措机制

整合使用各级财政环境污染治理、农村环境保护、矿山地质环境治理、土地复垦、水污染防治、生态修复等相关专项资金，按照"职责不变、渠道不变、整合资金、打捆使用"的原则，优先支持或向山水林田湖草生态保护与修复项目倾斜。地方配套资金需根据近年宁夏回族自治区各类专项资金补助和石嘴山市、县（区）专项资金安排情况进行认真测算，并与宁夏回族自治区财政、自然资源、生态环境等厅局沟通，保证落实到位，不会形成新的地方债务。探索建立项目后期运营维护市场化管理机制，鼓励有经验、有实力的社会资本参与项目的运营和维护，政府建立付费绩效考核制度，通过"政府付费"回报机制给予经费保障，实现项目长期运营维护的目标。

8.6 建立专家咨询机制

山水林田湖草生态保护修复涉及面广、政策性强、专业技术要求高，为推进工作开展，石嘴山市聘请山水林田湖草生态保护修复相关领域专家，组建高水平、专业化的专家咨询团队，负责技术指导和政策咨询工作，全面跟踪实施，确保贺兰山生态保护修复工作符合国家政策要求和技术规范，并达到预期效果。

充分发挥高校、科研机构、企业和行业协会等各方力量的作用，加强产学研协同创新，引进技术人才，制定切实可行的科技支持方案，提高生态保护修复决策与实施的科学性、合理性、可行性。设置专项资金，通过横向合作，整合科技资源，加强重点生态环境治理与修复领域的科学研究和技术攻关，提高综合集成创新能力，全面提升科技支撑水平。

8.7   建立宣传教育引导机制

建立专项工作通报制度，定期编写简报，通报工作进展情况，自觉接受社会各界的监督检查。加大山水林田湖草生态保护修复工作的培训和总结力度，通过专题办班、系统培训、考察学习等方式，解读山水林田湖草生态保护修复的政策内涵和推进方向，提高广大干部群众对生态修复和保护的重要性的认识。增强社会公众在建设生态文明中的主体地位，提高他们的参与度，在各个项目的重要地点、交通和人流会集处设置项目科普介绍牌，向群众介绍主要的技术措施及达到的效果，普及生态保护修复知识。发挥新闻媒体和网络的作用，开展"山水林田湖草是一个生命共同体"建设专题宣传活动，广泛宣传山水林田湖草生态保护修复建设中形成的特色典型经验和模式。加快推动生活方式和消费模式绿色化，引导消费者自愿购买节能环保产品。

8.8   建立长效监管机制

成立区域生态整治工作联席会，全面组织、协调和监督整体工作，确定工作目标、整治范围和任务。明确环保、水利、国土、农业、林业、住建等部门的工作职责和要求，加强联合执法。强化生态保护与监管能力建设，建立常态化管理体系。建立"生态保护天地一体化"监管平台，监控人为活动，及时预警生态风险。运用互联网技术，构建生态保护区域内生态监测网络，实施数据信息共享，对监控发现的问题，及时进行现场核查，并通报地方政府和企业主管部门，提出处理建议。定期或不定期开展联合执法检查，统一生态保护区域行政执法权限，严厉查处生态保护区内各种破坏生态环境和有损生态功能的不法行为。加强日常巡护，开展例行监测，严密监控违法违规活动，严格执法。

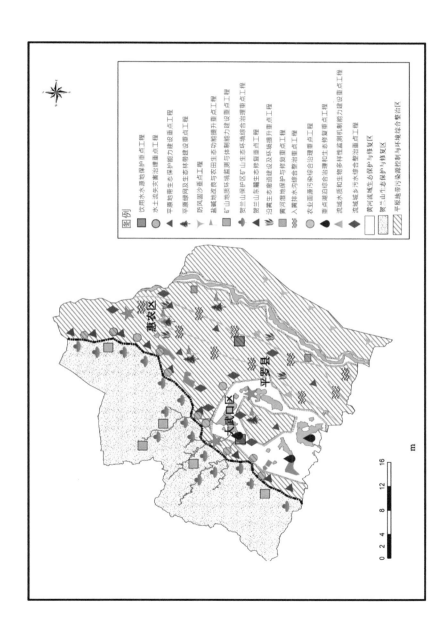

附图 1　石嘴山市山水林田湖草生态保护与修复总图

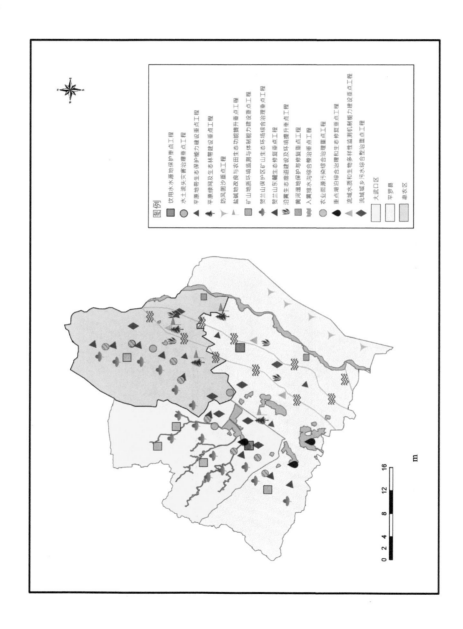

图例

■ 饮用水水源地保护牌点工程
● 水土流失灾害治理点工程
▲ 平原地带生态保护能力建设重点工程
▼ 平原绿网及生态林带建设重点工程
▲ 防风固沙重点工程
■ 盐碱地改良与农田生态功能提升重点工程
▲ 矿山地质环境监测与修复综合治理点工程
■ 贺兰山保护区矿山生态环境综合治理点工程
▲ 贺兰山东麓主体生态修复重点工程
〰 沿黄生态廊道建设及环境提升重点工程
▲ 黄河湿地保护与修复综合治理点工程
〰 入黄排水沟综合整治点工程
● 农业面源污染治理和生态修复重点工程
● 流域城乡生物多样性监测监控能力建设面点工程
◆ 流域城乡污水综合整治重点工程

　 大武口区
　 平罗县
　 惠农区

附图 2　石嘴山市山水林田湖草生态保护与修复工程各县（区）分布